职业教育物流类专业产教融合创新教材

叉车操作实务

主　编　彭宏春　刘小畅

副主编　陈雄寅

参　编　郝　冰　徐士芳

　　　　谢　云　李明玉

主　审　郭肇明　李建成

机械工业出版社

本书内容包括认识叉车、叉车驾驶及作业技术、叉车常见故障诊断与排除、叉车维护与保养技术四个方面。

本书在编写过程中，突出叉车驾驶与维护两个方面基本技能的训练，对叉车的驾驶训练以及叉车的维护与保养作了详细的介绍，采用任务引领的方式编写，力求使基本理论与实践紧密结合，突出重点，内容系统、完整，针对性强，实用性强。同时，融合了考取国家人力资源和社会保障部叉车驾驶员职业资格证书的内容，还结合了全国物流技能大赛叉车项目相关内容，既能满足考证需求，又能兼顾大赛，从而满足读者实际需求。

本书适合中职中专及培训学校物流服务与管理、物流工程、叉车驾驶与维修等专业教学，也可作为物流企业及培训机构叉车岗前培训教材，还可作为国家人力资源和社会保障部叉车驾驶员考证辅助教材。

本书立体化二维码资源含有关键操作的教学视频、重要知识点的微课、叉车结构动画等，另外配有教学资源包（含电子课件、操作规范与安全视频等），使用本书的教师可通过www.cmpedu.com注册后免费下载使用。

图书在版编目（CIP）数据

叉车操作实务/彭宏春，刘小畅主编．—北京：机械工业出版社，2021.5（2024.8重印）

职业教育物流类专业产教融合创新教材

ISBN 978-7-111-68193-9

Ⅰ．①叉…　Ⅱ．①彭…　②刘…　Ⅲ．①叉车—操作—中等专业学校—教材

Ⅳ．①TH242

中国版本图书馆CIP数据核字（2021）第087800号

机械工业出版社（北京市百万庄大街22号　邮政编码100037）

策划编辑：宋　华　　责任编辑：宋　华　刘益汛

责任校对：陈　越　　封面设计：鞠　杨

责任印制：李　昂

北京捷迅佳彩印刷有限公司印刷

2024年8月第1版第8次印刷

184mm×260mm・14印张・233千字

标准书号：ISBN 978-7-111-68193-9

定价：45.00元

电话服务

客服电话：010-88361066

010-88379833

010-68326294

网络服务

机　工　官　网：www.cmpbook.com

机　工　官　博：weibo.com/cmp1952

金　书　网：www.golden-book.com

机工教育服务网：www.cmpedu.com

前言

随着我国物流业的快速发展，叉车的产销量越来越大。为了满足社会对叉车驾驶员、维护人员的需求，更好地开展叉车驾驶员、维护人员的教学及培训工作，培养具有一定专业技术水平的叉车驾驶、维护人员，特编写此书。

《叉车操作实务》是职业教育物流类专业产教融合创新教材之一。本书在编写过程中遵循"理论够用、突出技能、易教易学"的原则，结合中等职业学校学生的实际，对传统教材体系进行整合，弱化理论，采用任务引领教学法编写，将全书分为8个项目，包括走近叉车、识别常用类型叉车、认识叉车的总体结构、叉车驾驶基本操作规范及安全防范、叉车驾驶、叉车作业、诊断与排除叉车常见故障、维护与保养叉车。项目下细分若干个任务，每个任务有明确的知识目标、能力目标，并以"任务描述——任务准备——任务实施——应用训练——任务评价——拓展提升"为编写模式，增强了全书的教学可操作性；同时以案例、图表、视频、动画等形式呈现学习内容，丰富了学生的感性认识，增强了学生学习的趣味性。

本书主编为彭宏春（第一届全国物流行业教育教学名师、上海市中等职业教育彭宏春物流服务与管理名师培育工作室主持人、上海市中等职业教育物流专业中心教研组成员）和刘小畅（上海市特种设备监督检验技术研究院特种设备作业人员考试中心副主任）；副主编为陈雄寅（教育部1+X物流管理专项证书试点核心专家）；参编为郝冰（郑州技师学院教授级高级讲师、河南省职业教育教学专家、河南省中等职业教育教学名师），徐士芳（上海市中等职业教育物流专业中心教研组成员、正高级讲师），谢云（上海市市场监督局叉车考评员），李明玉（河南省物流名师工作室成员、高级经济师）。本书主审为郭肇明（全国物流职业教育教学指导委员会秘书长）和李建成（全国物流教育教学指导委员会原副主任、上海市现代流通学校原校长）。具体编写分工：彭宏春编写项目三、项目六，刘小畅编写项目七，陈雄寅编写项目四、项目五，谢云编写项目二，徐士芳编写项目一，李明玉、郝冰编写项目八。

本书在编写过程中参考了大量的文献资料，借鉴和吸收了国内外众多学者的研究成果，在此对相关文献的作者表示诚挚的感谢，同时感谢龙工（上海）叉车有限公司、上海众诚职业技能培训中心周振鳍和王文国对本书在编写过程中的大力支持。由于编者水平有限，书中难免有疏漏之处，敬请广大读者批评指正。

本书配有内容丰富的教学资源包，授课教师可登录机工教育服务网（www.cmpedu.com）免费注册下载使用。

编　者

二维码索引

目录

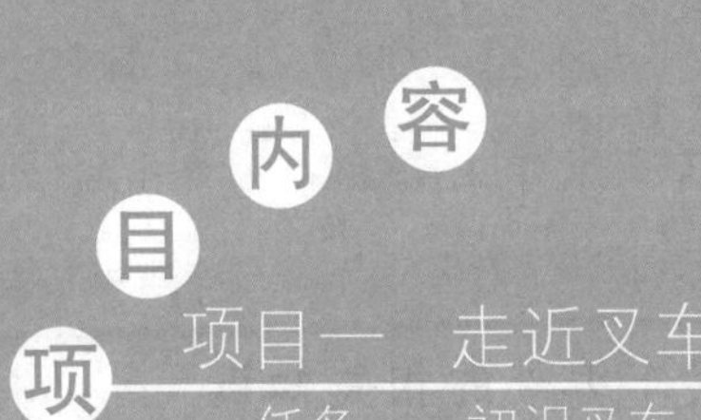

项目一　走近叉车

现代物流作业需要经过很多环节，装卸搬运是其中不可缺少的一个环节。而叉车又是装卸搬运过程中非常重要的设备之一，因此学习叉车的一些基本知识是成为一名合格叉车驾驶员的基础。

小提示

此部分配有参考视频资源。详见本书教学资源包。

任务一　初识叉车

任务目标

知识目标

1. 掌握叉车编号的相关知识
2. 熟悉叉车的功能及特点

能力目标

1. 能够熟练说出叉车的作用
2. 能够熟练识别叉车的编号

任务描述

合力叉车一直是我国叉车行业内的领军企业，许多客户都对合力叉车产品的性能表示满意，但也有很多人对合力叉车产品的具体情况缺乏了解，假如你是合力叉车企业的销售人员，你该如何向服务对象介绍公司的产品？

任务准备

为了让客户快速地接受合力叉车产品，需要根据不同规格型号介绍叉车的特点、作用等。一名叉车企业销售人员熟悉叉车的型号、作用、特点非常重要。

任务实施

步骤一：了解叉车在机械工业生产中的地位和作用

叉车运输是工业生产中的重要组成部分。根据资料介绍，我国物料的搬运费用约占生产成品的30%，从事运输工作的人数约占生产工人总数的20%。据有关部门统计，一般的机械工厂生产1t产品通常要装卸、运输60t以上的物料，其中大部分是依靠叉车完成的。由此可知，叉车运输对保证连续生产、提高劳动生产率、增加企业的经济效益起着十分重要的作用。国内外先进的工矿企业，为了提高经济效益和生产率，不仅在不断改进加工设备、生产工艺、企业管理等，而且把叉车运输作为整个生产技术现代化的一个重要组成部分。

然而，随着生产的迅速发展，用于厂内运输的叉车数量日益增多，有些企业安全管理不善导致事故多发。据有关部门对全国多家工厂的不完全统计，交通运输事故中叉车事故占有较大比重。叉车事故造成人员伤亡，给个人、家庭和社会带来了许多严重的后果。所以，保证厂内叉车运输的安全，不仅是国家搞好建设、企业搞好生产的需要，也是广大职工群众的共同愿望。

步骤二：熟悉叉车的功能

叉车又称万能装卸机，是一种通用的起重运输、装卸堆垛、牵引或推顶轮式车辆，被广泛用于机场铁路、港口、仓库、工厂、现代物流、邮政等场所。

由于叉车具有对成件物资进行装卸和短距离运输作业的功能，并可装设各种可拆换的属具，因此能机动灵活地适应多变的物料搬运作业场合，可以进入车厢、船舱和集装箱内进行货件的装卸搬运作业，经济、高效地满足各种短途物料搬运作业的要求。叉车以内燃机、蓄电池或电动机为动力，带有货叉承载装置，具有自行能力，工作装置可完成升降、前后倾、夹紧、推出等动作，能实现成件物资的装卸、搬运和拆码垛作业。若配备其他先进属具，还能用于大件货物、散状物资和非包装物资的装卸作业，从而有效地减轻劳动强度，提高生产率，降低经济成本，增强作业安全性。

步骤三：认识叉车的编号

1. 国内叉车编号

目前，国内叉车主要依据机械行业标准JB/T 2391—2017《500kg～10 000kg乘驾式平衡重式叉车》进行编号，平衡重式叉车的编号以类型、动力、传动方式、额定起重量等表示，如图1–1所示。

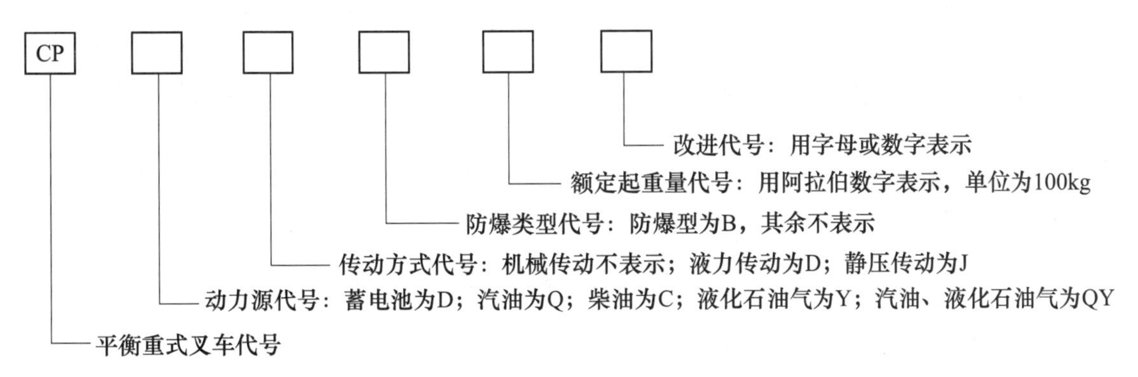

图1–1　国内叉车编号解析

例如，CPCD30表示平衡重式叉车以柴油机为动力，以液力传动为传动方式，额定起重量为3 000kg。又如，CPD10A型表示它是平衡重式叉车，以蓄电池为动力，额定起重量为1 000kg，经过一次改进。根据车型系列的变化和配套发动机的变化等，同样起重量的叉车编号也有所变化。

2. 国外叉车编号（见图1–2）

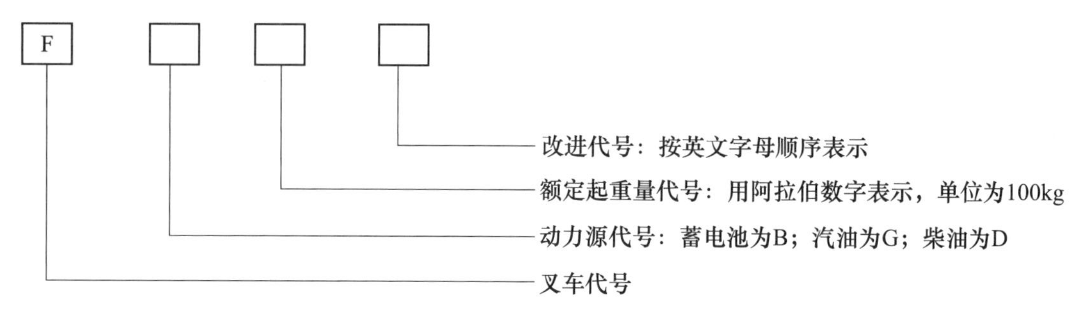

图1–2 国外叉车编号解析

例如，丰田FD30表示为丰田公司的柴油叉车，载重量为3 000kg。

有的国外叉车编号还标明变速器、发动机等项目，如友佳国际控股公司生产的FD30TJC型叉车，表示它是柴油叉车，载重量为3 000kg，自动变速器，进口发动机，C系列。

步骤四：熟悉厂内叉车运输的特点

厂内叉车运输的特点主要有流动性、频繁性、危险性及事故多发性等。

1. 流动性

叉车经常处于运行状态，是到处跑的“动设备”。它的流动性决定了行驶的复杂性。

2. 频繁性

厂内叉车运输作业比较频繁，一年四季驾驶员几乎天天出车，甚至节假日也不例外。

3. 危险性

国内外事故案例表明，叉车驾驶伤害事故较多，而且许多事故还相当惨重。叉车在厂内运行，虽然车速较慢，但一般厂区道路条件比公路差，路窄弯多，驾驶环境比较复杂，故叉车厂内驾驶和公路驾驶一样具有很大的危险性。

4. 事故多发性

厂内叉车还具有事故多发性的特点，这主要反映在同类事故在不同地点会重复发生，或同一地点同类事故多次发生等方面。

应用训练

训练一：请你选择一个叉车制造企业，走进该企业进行实地或网络调查，根据所学知识进行归纳并填写表1-1。

表1-1　叉车的功能和特点调查表

企业名称		调查日期	
企业地址		企业电话	
企业简介			
企业产品型号			
企业叉车作用及特点			

训练二：识别叉车编号。

1．写出CPC30型叉车的含义。

______

______

______

2．写出FD50型叉车的含义。

______

______

______

任务评价

训练项目	考核要求	配分	评分标准	得分	总分
训练一	根据任务填写表格	60	表格填写错一项扣10分		
训练二	编号含义解释准确	40	错一项扣20分		

任务二　认识道路交通标志

任务目标

知识目标

熟悉常见道路交通标志

能力目标

能识别常见道路交通标志

任务描述

为了维护厂区道路交通秩序，保证道路安全、畅通，保障人民生命财产安全，在厂区道路范围内应根据情况需要，设置必要的交通标志。在一些大型厂矿企业交通繁忙的地段和交叉路口，还应设置交通信号灯，以防止交通事故的发生。对于每个场内机动车辆驾驶员来说，除了掌握基本知识和有关交通法规外，还应该熟悉并掌握道路交通标志与标线的相关知识。

任务准备

为了更安全地驾驶叉车，成为一名合格的叉车驾驶员，学生需要学习相关的交通标志。

任务实施

步骤一：认识警告标志

警告标志是警告车辆、行人注意危险地点的标志。警告标志的颜色为黄底、黑边、黑图形。其形状为等边三角形，顶角朝上，如图1–3所示。

双向交通

上陡坡

下陡坡

图1–3　警告标志

图1–3　警告标志（续）

步骤二：熟悉禁令标志

禁令标志是禁止或限制车辆、行人交通行为的标志，分为禁止标志、限制标志、遵行标志三类。禁令标志的颜色除个别标志外，多为白底、红圈、红杠、黑图形，形案压杠，如图1–4所示。

图1–4　禁令标志

步骤三：熟悉指示标志

指示标志是指示车辆、行人行进的标志，分为道路遵行方向标志、道路通行权分配标志、专用标志三类。指示标志的颜色为蓝底、白图形。其形状有圆形、长方形和正方形，如图1–5所示。

直行

向左转弯

向右转弯

直行和向左转弯

直行和向右转弯

向左和向右转弯

靠右侧道路行驶

靠左侧道路行驶

环岛行驶

允许掉头

图1–5　指示标志

步骤四：了解施工标志

施工标志用以通告公路及一般道路交通阻断、绕行等情况，设在道路施工、养护等路段前适当位置。施工标志为长方形，蓝底白字，图形部分为黄底黑图形，如图1–6所示。

前方施工

道路封闭

车辆慢行

向左行驶

向右行驶

图1–6　施工标志

应用训练

训　练：识别道路交通标志。

第一步：教师把所有道路交通标志做成PPT。

第二步：请学生观看PPT，回答PPT上指定图片的含义。

任务评价

训练项目	考核要求	配分	评分标准	得分
识别道路交通标志	根据PPT上播放的标志，请学生解释其含义	100	含义解释准确	

任务三　熟知叉车驾驶员基本条件及职责

任务目标

知识目标

1. 掌握叉车驾驶员需具备的基本条件
2. 熟悉叉车驾驶员的基本要求

能力目标

1. 能够熟练说出叉车驾驶员需具备的条件及要求
2. 能够按照要求成为一名合格的叉车驾驶员

任务描述

一名合格的叉车驾驶员不但要具备过硬的驾驶技术，而且还要具备熟练的操作技能，只有这样才能确保装卸、搬运作业的安全。初学者首先应该知道一名叉车驾驶员应该具备的条件及要求。

任务准备

为了快速入门进行叉车驾驶学习，初学者首先应该了解是否有资格考取叉车证，获得叉车证需要具备怎样的条件。

任务实施

步骤一：熟悉叉车驾驶员的基本条件

叉车驾驶员属于特种设备作业人员，由于工种的特殊性，对驾驶员的要求是思想进步，作风正派，年满十八周岁，具有初中以上文化，身体合格的中华人民共和国公民。身体合格的要求应达到下列6个标准：

（1）身高在1.55m以上。

（2）两眼视力在0.7以上（包括矫正视力）。

（3）无红绿色盲。

（4）左右耳距离音仪50cm，能辨清声音的方向。

（5）血压正常。

（6）不得有精神病、心脏病、高血压和神经官能症等妨碍驾驶机动车的疾病和身体缺陷。

步骤二：了解叉车驾驶员的基本要求

（1）凡从事厂区车辆运输的驾驶员，都必须经过专业培训，并经过不少于6个月的培训实习期，熟练地掌握操作技术，经有关部门考试合格，取得特种设备作业人员证方可单独驾驶车辆。培训实习人员必须在师傅的带领下操作，无师傅带领时不得单独开车。持证人员年满二年应进行复审，并经考核合格后方准继续操作。

（2）驾驶员必须认真学习并严格遵守交通规则，车辆上公路时应遵守《中华人民共和国道路交通安全法实施条例》。驾驶作业时，要随身携带特种作业人员证，以便有关部门随时检查。

（3）驾驶员必须努力掌握车辆驾驶技术，熟悉车辆性能和厂区道路情况，掌握车辆的一般机械知识、电气知识、维护保养知识和排除故障的技能，认真按规定做好车辆的维护保养工作。

（4）严禁酒后开车。行车和加油时不准吸烟、饮食和闲谈，驾驶室不准超额载人。叉车严禁带人。

（5）车辆发动前，应严格检查，严禁带“病”出车。

（6）车辆起步时，要查看周围有无人员和障碍物，然后鸣号起步。行驶中如遇不良条件，应减速慢行。

（7）应生产需要培训驾驶员时，须由有关部门提出申请，经相关部门同意并上报厂部，办理培训手续，经体检合格后方可培训。

（8）从事危险品运输、装卸的工人，应每季度进行一次安全教育，每两年进行一次培训考试。经考试合格，方准继续操作。

（9）定期进行体格检查，如发现患有禁忌驾驶的症状，应调换工种。

在行车方面，叉车驾驶员必须坚持“十慢”“十不开车”“十好”的要求。

（1）“十慢”，即起步慢、转弯慢、下坡慢、会车慢、倒车慢、拖车慢、人多交叉路口慢、视线不良慢、雨天泥滑慢、过桥慢。

（2）“十不开车”，即车门不关好不开车，安全设备不良不开车，人没坐好不开车，物没装好不开车，脚踏板站人不开车，台架站人不开车，翻斗不落好不开车，接班没有检查不开车，超长、超高、超载不开车，没有随身携带驾驶证明不开车。

（3）“十好”，即制动好、灯光好、喇叭好、驾驶作风好、行人动态观察好、信号标志察看好、车辆保养好、操作规程遵守好、安全措施执行好、同志互助团结好。

步骤三：了解叉车驾驶员的岗位职责

（1）认真学习和执行叉车管理的各项规章制度。

（2）爱护车辆装备，及时检查维修，保持车容整洁、车况良好。

（3）认真钻研业务，提高驾驶操作、维护保养叉车及作业的技术水平。

（4）严格执行叉车安全操作规程，遵守交通规则，保障安全驾驶、安全作业。

（5）爱护货物，学习其主要的物理、化学特性，以便作业时选择正确的包装及装卸方式，保证货物完好。

（6）节约叉车原、辅材料，做到节油、节胎、节料（零配件）。

（7）记录好运行台账。

（8）交接班时正确履行交接班手续。

应用训练

训练一：根据所学知识，目前你是否可以考取叉车证书？（从叉车驾驶员的要求和条件等方面综合分析）

训练二：通过调研或者网络调查，了解叉车驾驶员上岗证和叉车驾驶员职业资格证书分别由国家什么部门颁发，叉车驾驶员职业资格有哪些等级。

任务评价

训练项目	考核要求	配分	评分标准	得分	总分
训练一	根据要求进行回答	40	根据学生实际情况评分		
训练二	根据调研或网络调查进行回答	60	回答错一个扣10分		

任务四　了解叉车用油

任务目标

知识目标

1. 掌握叉车主要用油种类
2. 熟悉叉车具体部位的用油

能力目标

1. 能够熟练说出叉车具体用油
2. 能够按照要求添加润滑油

任务描述

车辆的不同部分对润滑油有不同的要求，需要使用不同的油。在使用时切忌混用、乱用。内燃叉车和蓄电池叉车是如何进行用油的呢？

任务准备

为了让学习者更好地了解叉车用油，需要在课前准备机油（新标准术语为全损耗系统用油，本书沿用“机油”）、齿轮油、润滑脂（黄油）、制动液、液压油等。

任务实施

步骤一：熟悉内燃叉车用润滑油

1. 机油

机油也叫发动机润滑油，根据润滑的发动机不同，分为汽油发动机用润滑油（汽油机油）和柴油发动机用润滑油（柴油机油）两种。

关于发动机润滑油的牌号，一般规定：汽油机油按100℃时的运动黏度划分，有6号、8号、10号和15号四个牌号。柴油机油按100℃时的运动黏度划分，有8号、11号和14号三个牌号。

柴油发动机和汽油发动机都是按照使用地区的气温或发动机的磨损程度来选用机油牌号的。

在保证机件正常润滑的前提下，应选用黏度尽可能低的机油；润滑油都加有降凝、抗氧、耐腐、清净等多种添加剂，这些添加剂能使润滑油使用不久后颜色变深，这是正常现象，不用更换；换油时应将旧油放尽；加强曲轴箱通风和保持发动机正常温度；防止油气、水气冷却污染；及时保养机油滤清器；稠化机油和非稠化机油不能混用；不同型号的稠化机油可以混用，但不能混存。

2. 齿轮油

变速器、主离合器、差速器和转向器使用的润滑油称为齿轮油。

（1）齿轮油的品种、牌号。传动系用润滑油根据用途分齿轮油和双曲线齿轮油两种。按100℃时的运动黏度分为20号、30号齿轮油和通用齿轮油，以及22号、28号双曲线齿轮油。因工艺不同，又另有馏分型双曲线齿轮油15号、18号两种和合成18号双曲线齿轮油。

（2）齿轮油的选用。齿轮油的选用主要根据气温条件决定。气温低，选用凝点较低、黏度较小的牌号；反之，则用黏度大、凝点较高的牌号。

通用齿轮油的黏度介于20号和30号齿轮油之间，其凝点控制规格与冬季用的20号齿轮油相同，故可代替20号和30号齿轮油全年通用。

3. 润滑脂

润滑脂俗称黄油，是由80%～85%的润滑油与稠化剂、稳定剂和添加剂组成。常用的润滑脂有钙基润滑脂、钠基润滑脂、钙钠润滑脂和锂基润滑脂等。

步骤二：熟悉蓄电池叉车用润滑油

1. 齿轮油

蓄电池车的变速器和后桥齿轮箱等需要使用润滑油才能正常运转，所用的润滑油就是齿轮油，齿轮油的主要作用就是在齿轮的齿与齿之间的接触面上形成牢固的油膜，以保证正常的润滑，减少磨损，从而保证传动装置的正常运行。一般用80W/90、85W/90齿轮油。

2. 润滑脂

蓄电池叉车常用钙基润滑脂和复合钙基润滑脂（如ZFG–1、ZFG–2、ZFG–3）。

步骤三：了解其他用油

1. 制动液

制动液即刹车油。蓄电池叉车制动液是用于液压制动系统中传递压力以制止车轮转动的液体。制动液一定要用标准牌号，不能含有杂质。加油时，必须过滤清洁以保证油路不致堵塞（严禁其他各类油替代）。

2. 液压油

液压油用于液压传动系统，如叉车液压传动系统、翻斗车液压系统。一般夏季用YA-N46普通液压油，冬季用YA-N32普通液压油。

另外，省能、环保的汽油、液化气双用发动机的场（厂）内机动车辆逐渐被广泛使用。需要特别指出，液化气燃料车辆的液化气瓶应是专用的车用液化气瓶，不同于一般的液化气瓶，驾驶员使用和更换时需要特别注意。

应用训练

训练一：根据所学知识，回答叉车主要用油有哪些及主要用在叉车哪个部位或零部件上。

训练二：根据各个学校的实际情况，让学生在叉车的相应部位进行添加润滑油操作。

任务评价

训练项目	考核要求	配分	评分标准	得分	总分
训练一	根据要求进行回答	30	根据学生实际情况评分		
训练二	在相应部位添加润滑油	70	添加错误0分，操作不规范教师视具体情况扣分		

项目内容

项目二　识别常用类型叉车

任务一　初识内燃叉车

任务二　初识电动叉车

项目二　识别常用类型叉车

叉车类型繁多，分类方法也很多，主要包括内燃叉车和电动叉车。内燃叉车机动性能好、功率大，能在较恶劣的环境中工作，是目前物流业应用最为广泛的叉车类型。同时随着人们环保意识不断提高，电动叉车因其无污染、机动性能好、功率较大，能在库房内使用而受到青睐，其需求量不断增加。

任务一　初识内燃叉车

任务目标

知识目标

1. 掌握内燃叉车的类型
2. 熟悉内燃叉车的主要技术及性能参数

能力目标

1. 能够熟练说出内燃叉车的结构名称
2. 能够熟练领会内燃叉车的主要技术参数

任务描述

某中专学校准备购买伊买达H系列叉车，供平时教学和实训用，表2-1为H系列1.0～1.8t内燃平衡重式叉车规格、性能、参数表。

表2-1　H系列1.0～1.8t内燃平衡重式叉车规格、性能、参数表

型　号		FD10T-HWA3（FD10-HWA1）	FD15T-HWA3（FD15-HWA1）	FD18T-HWA3（FD18-HWA1）	FD10T-HGA3（FD10-HGA1）	FD15T-HGA3（FD15-HGA1）	FD18T-HGA3（FD18-HGA1）
概要	动力形式	Diesel			Diesel		
	额定起重量/kg	1 000	1 500	1 800	1 000	1 500	1 800
	载荷中心距/mm	500			500		
	工作形式	座椅式			座椅式		
	轮胎（前/后）	充气胎			充气胎		
	轮子数目（前/后）	2/2			2/2		
特性及尺寸	最大起升高度/mm	3 000			3 000		
	自由起升高度/mm	135			135		
	货叉规格（L×W×T）/mm	920×100×35	920×100×35	920×100×38	920×100×35	920×100×35	920×100×38
	门架倾角（前/后）/（°）	6/12			6/12		
	长度（不带货叉）/mm	2 171	2 231	2 274	2 171	2 231	2 274
	宽度/mm	1 070			1 070		
	门架不起升高度/mm	1 995			1 995		
	门架起升高度（带挡货架）/mm	4 030			4 030		
	护顶架高度/mm	2 070			2 070		

（续）

型号	FD10T-HWA3（FD10-HWA1）	FD15T-HWA3（FD15-HWA1）	FD18T-HWA3（FD18-HWA1）	FD10T-HGA3（FD10-HGA1）	FD15T-HGA3（FD15-HGA1）	FD18T-HGA3（FD18-HGA1）
特性及尺寸 最小转弯半径/mm	1 880	1 955	1 985	1 880	1 955	1 985
特性及尺寸 前悬距/mm	421		424	421		424
特性及尺寸 最小直角通道宽度/mm	1 690	1 770	1 790	1 690	1 770	1 790
特性及尺寸 轴距/mm	1 400			1 400		
特性及尺寸 轮距 前/mm	890		920	890		920
特性及尺寸 轮距 后/mm	920			920		
特性及尺寸 最小离地间隙 门架处/mm	110			110		
特性及尺寸 最小离地间隙 轴中心/mm	115			115		
性能 速度 运行 满载/（km/h）	13.5			13.5		
性能 速度 运行 空载/（km/h）	14.5			14.5		
性能 速度 起升 满载/（mm/s）	590			590		
性能 速度 起升 空载/（mm/s）	650			650		
性能 速度 下降 满载/（mm/s）	450			450		
性能 速度 下降 空载/（mm/s）	550			550		
性能 负荷（满载/空载）/kg	950/700 1 450/700	950/700 1 450/700	950/700 1 450/700	1 235/910 1 885/910	1 235/910 1 885/910	1 235/910 1 885/910
性能 最大爬坡度（满载/空载）/（°）	30/22 37/22	23/18 27/18	20/17 24/17	39/28 45/28	29/23 35/23	26/23 31/22
重量 自重/kg	2 150	2 590	2 820	2 220	2 660	2 890
重量 桥负荷 满载 前/kg	2 810	3 620	4 010	2 840	3 640	4 040
重量 桥负荷 满载 后/kg	340	470	560	380	520	600
重量 桥负荷 空载 前/kg	1 170	1 140	1 120	1 220	1 170	1 140
重量 桥负荷 空载 后/kg	980	1 450	1 700	1 020	1 490	1 750
轮胎 规格 前	6.50-10-10PR			6.50-10-10PR		
轮胎 规格 后	5.00-8-8PR			5.00-8-8PR		
制动 制动类型 行车制动	液力			液力		
制动 制动类型 停车制动	手动			手动		
动力与传动 蓄电池 电压/容量/（V/A·h）	12/100			12/100		
动力与传动 发动机 型号	YAMTNE92			XICNB485BPG		
动力与传动 发动机 额定功率/转速/[kW/（r/min）]	33/2 450			30/2 600		
动力与传动 发动机 最大扭矩/转速/[N·m/（r/min）]	150/1 600			131/1 800		
动力与传动 发动机 气缸数量/个	4			4		
动力与传动 发动机 排气量/mL	2 659			2 270		
动力与传动 发动机 燃油箱容积/L	38			38		
动力与传动 传动装置 型号	机械			机械		
动力与传动 传动装置 挡位（前/后）	1/1（2/2）			1/1（2/2）		
其他 工作压力/MPa	14.5			14.5		

假如你是该校物流实训中心负责人，你会如何选择？请说明理由。

任务准备

内燃叉车广泛应用于车站、码头、车间、货场等地，是机械化装卸、堆垛、短途运输综合作业的理想物流设备，是目前厂内机动车中应用最广、拥有量最多的。为了更好地使用内燃叉车，需要熟悉叉车的特点、类型及技术参数等。

任务实施

步骤一：了解内燃叉车

内燃叉车是指以柴油、汽油或者液化石油气为燃料，由发动机提供动力的叉车。载重量为0.5～45t。其特点是储备功率大，作业通道宽度一般为3.5～5.0m，行驶速度快，爬坡能力强，作业效率高，对路面要求不高，但其结构复杂，维修困难，污染环境，噪声较大，常用于室外作业。

步骤二：熟悉内燃叉车的类型

1. 按动力形式分类

根据动力形式不同，内燃叉车可分为柴油叉车、汽油叉车和液化石油气叉车。

（1）柴油叉车体积较大，但其稳定性好，宜于重载，使用时间无限制，使用场地一般在室外。与汽油发动机相比，柴油发动机动力性能较好（低速不易熄火，过载能力、长时间作业能力强），燃油费用低。但震动大，噪声大，排气量大，自重大，价格高，载重量为0.5～45t。

（2）汽油叉车体积较小，稳定性较好，不宜于重载，使用时间无限制，使用场地一般在室外。汽油发动机外形小，自重轻，输出功率大，工作噪声及震动小且价格低。但汽油发动机过载能力、长时间作业能力较差，燃油费用相对较高，载重量为0.5～4.5t。

（3）液化石油气叉车（简称LPG）即在平衡重式汽油叉车上加装液化石油气转换装置，通过转换开关能进行使用汽油和液化气的切换。液化石油气叉车最大的优点是尾气排放指标好，一氧化碳（CO）排放明显少于汽油发动机，燃油费用低（15kg的液化气相当于20L汽油），适用于对环境要求较高的室内作业。

2. 按结构形式分类

根据结构形式不同，内燃叉车可分为内燃平衡重式叉车、集装箱叉车、侧面式内燃叉车、前移式叉车、插腿式叉车和集装箱跨运车。

（1）内燃平衡重式叉车（见图2–1）一般采用柴油、汽油、液化石油气燃料，承载能力为0.5～45t，10t以上多为柴油叉车。其具有整机重心低、稳定性好、转弯半径小、工作效率高、驾驶视野开阔、操作轻便灵活、维修方便等优点，适用于仓库、货场、港口、工地及一般厂矿企业等场所进行成件货物的装卸、堆垛和短途运输；在配装专用属具后，可用作散装物料和特型物件的装卸，是用途广泛的装卸运输机械。

（2）集装箱叉车（正面吊，见图2–2）采用柴油发动机作为动力，是用来装卸集装箱的一种吊车，承载能力为8～45t。其主要应用于码头、堆场、铁路场站的重箱集装箱堆垛及短距离搬运。集装箱叉车适用于高度为8ft、8ft6in、9ft6in，长度为20ft或40ft等集装箱满箱的搬运和堆垛，最高可堆5层，可跨三列作业。

图2–1　内燃平衡重式叉车

图2–2　集装箱叉车

（3）侧面式内燃叉车（见图2–3）采用柴油发动机作为动力，承载能力为3.0～6.0t。货叉安装在叉车侧面，具有直接从侧面叉取货物的能力，因此主要用来叉取长条形的货物，如木条、钢筋等。其主要特点如下：

1）能够装载各种超长重物，可在狭窄的通道上运行，这是一般正面叉车所不能做到的。

2）能进行各种成件货物的堆垛作业；提高货物的空间储放量，是板院、仓库、货场实现规范化作业的必备机械。

3）能够自装、自运、自卸各种大型货物，一机多能，节省作业的中间工序，提高工作效率。

4）能在多种场所灵活转运各类器材和货物，使用范围广，机动性能好。

（4）前移式叉车（见图2–4）是在车间或仓库内作业时使用最广泛的一种叉车。这种叉车采用蓄电池为动力，不会污染周围的空气。由于在库内作业，地面条件好，故一般采用实心轮胎，车轮直径比较小。在取货或卸货时，货叉随着门架前移到前轮以外。但运行时，门架缩回到车体内，使叉车整体是平衡的。这种叉车的蓄电池起一定的平衡作用，不需配备专门的平衡重。车体尺寸较小，转弯半径也小。在巷道内作业时，需要的巷道宽度比平衡重式叉车小得多，从而可提高仓库面积利用率。

图2-3　侧面式内燃叉车

图2-4　前移式叉车

（5）插腿式叉车（见图2-5）的结构非常紧凑，货叉在两个支腿之间，因此无论在取货或卸货时还是在运行过程中，都不会失去稳定性。由于尺寸小、转弯半径小，在库内作业时比较方便。但是货架或货箱的底部必须留有一定高度的空间，使叉车的两个支腿插入。由于支腿的高度会影响仓库的空间利用率，必须使其尽量低，故前轮的直径也比较小，对地面平整度的要求比较高。

（6）集装箱跨运车（见图2-6）是集装箱装卸设备中的主力机型，通常承担由码头前沿到堆场的水平运输以及堆场的集装箱堆码工作。集装箱跨运车具有机动灵活、效率高、稳定性好、轮压低等特点，所以得到了普遍的应用。集装箱跨运车作业对提高码头前沿设备的装卸效率十分有利。集装箱跨运车从20世纪60年代问世以来，经过几十年的发展，已经与轮胎式集装箱门式起重机一样，成为集装箱码头和堆场的关键设备。

图2-5　插腿式叉车

图2-6　集装箱跨运车

步骤三：熟悉内燃叉车主要技术参数

叉车的技术参数是用来表明叉车的结构特征和工作性能的，主要技术参数有：额定起重量、载荷中心距、最大起升高度、门架倾角、最大起升速度、最高行驶速度、最小转弯半径、最小离地间隙、轴距和轮距、直角通道最小宽度、堆垛通道最小宽度以及整备质量载负荷等。

（1）额定起重量。叉车的额定起重量是指货物重心至货叉前壁的距离不大于载荷中心距时，允许起升的货物的最大重量，以t表示。当货叉上的货物重心超出了规定的载荷中心距时，由于叉车纵向稳定性的限制，起重量应相应减小。

（2）载荷中心距。载荷中心距是指在货叉上放置标准的货物时，其重心到货叉垂直段前壁的水平距离，以mm表示。对于1t叉车规定载荷中心距为500mm。

（3）最大起升高度。最大起升高度是指在平坦坚实的地面上，叉车满载，货物升至最高位置时，货叉水平段的上表面离地面的垂直距离。

（4）门架倾角。门架倾角是指无载的叉车在平坦坚实的地面上，门架相对其垂直位置向前或向后的最大倾角。前倾角的作用是为了便于叉取和卸放货物；后倾角的作用是当叉车带货运行时，预防货物从货叉上滑落。一般叉车前倾角为3°～6°，后倾角为10°～12°。

（5）最大起升速度。叉车最大起升速度通常是指叉车满载时货物起升的最大速度，以m/min表示。提高最大起升速度，可以提高作业效率，但起升速度过快，容易发生货损和机损事故。目前国内叉车的最大起升速度已提高到20m/min。

（6）最高行驶速度。提高行驶速度对提高叉车的作业效率有很大影响。对于起重量为1t的内燃叉车，其满载时最高行驶速度不低于17m/min。

（7）最小转弯半径。当叉车在无载、低速行驶、打满方向盘转弯时，车体最外侧和最内侧至转弯中心的最小距离，分别称为最小外侧转弯半径r_{min}外和最小内侧转弯半径r_{min}内。最小外侧转弯半径越小，则叉车转弯时需要的地面面积越小，机动性能越好。

（8）最小离地间隙。最小离地间隙是指车轮以外，车体上固定的最低点至地面的距离，它表示叉车无碰撞地越过地面凸起障碍物的能力。最小离地间隙越大，则叉车的通过性越高。

（9）轴距和轮距。叉车轴距是指叉车前后桥中心线的水平距离。轮距是指同一轴上左右轮中心的距离。增大轴距有利于叉车的纵向稳定性，但使车身长度增加，最小转弯半径增大。增大轮距有利于叉车的横向稳定性，但会使车身总宽和最小转弯半径增加。

（10）直角通道最小宽度。直角通道最小宽度是指供叉车往返行驶的成直角相交的通道的最小宽度，以mm表示。一般直角通道最小宽度越小，性能越好。

（11）堆垛通道最小宽度。堆垛通道最小宽度是叉车在正常作业时通道的最小宽度。

（12）整备质量载负荷。整备质量载负荷是指叉车按出厂技术条件装备完整，各种油、水添满后的重量。

应用训练

训练一：学生归纳任务中的信息，填表2-2。

表2-2 内燃平衡重式叉车参数表

型　号	额定起重量	载荷中心距	最大起升高度	门架倾角	最大起升速度	最小转弯半径	轴距和轮距
FD10-HGA1							
FD18T-HGA3							
FD15T-HWA3							
FD10-HWA1							

训练二：进入实训中心或者通过网络调查，观察叉车标志牌上的信息，描述该叉车的主要技术参数与性能指标。

训练三：通过社会实地考察或者通过网络查找相关资料，选择你所在地区的某一家叉车制造商，用PPT介绍它所经营的内燃叉车。

任务评价

训练项目	考核要求	配　分	评分标准	得　分	总　分
训练一	根据任务填写表格	30	表格填写错一个空扣1分		
训练二	主要技术参数描述准确	20	描述流利并准确，错一个扣1分		
训练三	进行调查并且PPT完成良好	50	PPT内容缺乏图片扣20分，缺乏文字介绍扣10分		

拓展提升

一、车型和配置的选择

车型和配置的选择一般要从以下几个方面出发。

1. 作业功能

叉车的基本作业功能分为水平搬运、堆垛/取货、装货/卸货、拣选。根据企业所要达到的作业功能可以从上述介绍的车型中初步确定。另外，特殊的作业功能会影响到叉车的具体配置，如搬运的是纸卷、铁液等，需要叉车安装属具来完成特殊功能。

2. 作业要求

叉车作业需要考虑托盘或货物规格、提升高度、作业通道宽度、爬坡度等一般要求，同时还需要考虑作业效率（不同的车型效率不同）、作业习惯（如习惯坐驾还是站驾）等方面的要求。

3. 作业环境

如果企业需要搬运的货物或仓库环境对噪声或尾气排放等环保方面有要求，在选择车型和配置时应有所考虑。如果是在冷库中或是在有防爆要求的环境中，叉车的配置也应该是冷库型或防爆型的。仔细考察叉车作业时需要经过的地点，设想可能的问题。例如，出入库时门高对叉车是否有影响；进出电梯时，电梯高度和承载对叉车是否有影响；在楼上作业时，楼面承载是否达到相应要求等。

在选型和确定配置时，要向叉车供应商详细描述工况，并实地勘察，以确保选购的叉车完全符合企业的需要。即使完成以上步骤的分析，仍然可能有几种车型同时满足上述要求。此时需要注意以下几个方面。

（1）不同的车型，工作效率不同，需要的叉车数量、驾驶员数量也就不同，由此会导致一系列成本发生变化。

（2）如果叉车在仓库内作业，不同车型所需的通道宽度不同，提升能力也有差异，由此会带来仓库布局的变化，如货物存储量的变化。

（3）车型及其数量的变化，会对车队管理等诸多方面产生影响。

（4）不同车型的市场保有量不同，其售后保障能力也不同。例如，低位驾驶三向堆垛叉车和高位驾驶三向堆垛叉车同属窄通道叉车系列，都可以在很窄的通道内（1.5～2.0m）完成堆垛、取货。但是前者驾驶室不能提升，因而操作视野较差，工作效率较低。后者能完全覆盖前者的功能，而且性能更出众，因此在欧洲高位驾驶三向堆垛叉车的市场销量比低位驾驶三向堆垛叉车超出4～5倍，在中国则达到6倍以上。因此，大部分供应商都侧重发展高位驾驶三向堆垛叉车，而低位驾驶三向堆垛叉车只是用在小吨位、提升高度低（一般在6m以内）的工况下。在市场销量很少时，其售后服务的工程师数量、工程师经验、配件库存水平等服务能力就会相对较弱。

要对以上几个方面的影响综合评估后，选择最合理的方案。

二、品牌选择

目前，国内市场的叉车品牌从国产到进口有几十家。

1. 国产品牌

山推、中力、宜科、梯佑、巨盾、龙工、合力、安叉、杭叉、瑞创叉车、大连叉车、山河智能、巨鲸、湖南叉车、广州叉车、吉鑫祥、台励福、靖江叉车、柳工、佳力、靖江宝骊、天津叉车、洛阳一拖、上力重工、玉柴叉车、合肥搬易通、湖南衡力等。

2. 进口品牌

慕克（德国）、林德（德国）、海斯特（美国）、丰田（日本）、永恒力（德国）、BT（瑞典，后被日本丰田收购，但保留其品牌）、小松（日本）、TCM（日本）、力至优（日本）、尼桑（日本）、现代（韩国）、斗山大宇（韩国）、皇冠（美国）、OM（意大利）、OPK（日本）、日产（日本）、三菱（日本）等。

3. 合资品牌

台铭威特、如意、诺力等。

4. 品牌选择程序

先初步确定几个品牌作为考虑的范围，然后再综合评估。

第一步：初选阶段

在初选阶段，一般把以下几个方面作为初选的标准：

（1）品牌的产品质量和信誉。

（2）该品牌的售后保障能力如何，在企业所在地或附近有无服务网点。

（3）企业已用品牌的产品质量和服务。

（4）选择的品牌需要与企业的定位相一致。

第二步：综合评估阶段

经初选完成后，对各品牌的综合评估包括品牌、产品质量、价格、服务能力等。

很多企业在选择品牌时存在着一定的误区，认为如果均为进口品牌的叉车，质量都是差不多的，价格也应该是接近的。实际上这是一个常识性错误，就像汽车一样，进口品牌的汽车很多，不同品牌之间的价格差距非常大，而性能当然也有差别。此外，叉车是一种工业设备，最大限度地保证设备的正常运转是企业目标之一，停工就意味着损失。因此选择一个售后服务有保障的品牌至关重要。我国的叉车市场非常大，因此吸引了很多国外品牌叉车供应商，但是我国地域辽阔，要想建立一个全国性的专业的服务网络，没有一定的时间是难以实现的。

5. 常见叉车公司商标识别（见图2–7）

图2–7　常见叉车公司商标

任务二　初识电动叉车

任务目标

知识目标

1. 掌握电动叉车的主要类型
2. 熟悉电动叉车的主要技术参数

能力目标

1. 能够熟练说出不同电动叉车的名称
2. 能够熟练领会电动叉车的主要技术参数

任务描述

相比于内燃叉车，电动叉车的低噪声、无尾气排放的优势已得到许多用户的认可。另外，选用电动叉车还有一些技术方面的原因。电子控制技术的快速发展使得电动叉车操作变得越来越舒适，适用范围越来越广，解决物流的方案越来越多。从这些方面来看，电动叉车的市场需求肯定会越来越大，电动叉车市场份额也会越来越大。

某职业学校准备购买龙工电动叉车供学生实训使用，请同学结合学校的实际情况，并给学校提供一些建议。选择电动叉车时，需要注意叉车的哪些技术指标呢？

任务准备

电动叉车操作控制简便、灵活，其操作人员的操作强度相对内燃叉车而言要小很多，其电动转向系统、加速控制系统、液压控制系统以及制动系统都由电信号来控制，这大大降低了操作人员的劳动强度，对于提高工作效率及工作的准确性有非常大的帮助。为了更好地使用电动叉车，需要熟悉叉车的特点、类型及技术参数等。

任务实施

步骤一：了解电动叉车

电动叉车是指以电动机提供动力来进行作业的叉车，大多数都用蓄电池提供电能。蓄电池是电池的一种，其工作原理是把化学能转化为电能并储存起来，在合适的地方使用。要注意的是：蓄电池最好不要横放。

步骤二：熟悉电动叉车类型

1. 平衡重式电动叉车

平衡重式电动叉车（见图2-8）是以电动机提供动力，以蓄电池为能源，承载能力 为1.0～4.8t，作业通道宽度一般为3.5～5.0m，无污染，噪声小。

2. 仓储电动叉车

仓储电动叉车（见图2–9）主要是为仓库内货物搬运而设计的叉车，以电动机驱动，因其车体紧凑、移动灵活、重量轻和环保性能好而在仓储业中得到普遍应用。在多班作业时，仓储电动叉车需要备用电池。

3. 前移式电动叉车

前移式电动叉车（见图2–10）承载能力为1.0～2.5t，门架可以整体前移或缩回，缩回时作业通道宽度一般为2.7～3.2m，提升高度最高可达11m左右，常用于仓库内中等高度的堆垛、取货作业。

图2–8　平衡重式电动叉车

图2–9　仓储电动叉车

图2–10　前移式电动叉车

4. 电动托盘搬运叉车

电动托盘搬运叉车（见图2–11）承载能力为1.6～3.0t，作业通道宽度一般为2.3～2.8m，货叉提升高度一般在210mm左右，主要用于仓库内的水平搬运及货物装卸，一般有步行式和站驾式两种操作方式。

5. 电动托盘堆垛叉车

电动托盘堆垛叉车（见图2–12）承载能力为1.0～1.6t，作业通道宽度一般为2.3～2.8m，在结构上比电动托盘搬运叉车多了门架，货叉提升高度一般在4.8m内，主要用于仓库内的货物堆垛及装卸。

6. 电动拣选叉车

在某些工况下（如超市的配送中心）不需要整托盘出货，而是按照订单拣选多种品种的货物组成一个托盘，此环节称为拣选。电动拣选叉车，如图2–13所示。按照拣选货物的高度，电动拣选叉车可分为低位拣选叉车（2.5m内）和中高位拣选叉车（最高可达10m）。电动拣选叉车承载能力为2.0～2.5t（低位）、1.0～1.2t（中高位，带驾驶室提升）。

图2-11　电动托盘搬运叉车　　图2-12　电动托盘堆垛叉车　　图2-13　电动拣选叉车

7. 低位驾驶三向堆垛叉车

低位驾驶三向堆垛叉车如图2-14所示，通常配备一个三向堆垛头，叉车不需要转向，货叉旋转就可以实现两侧的货物堆垛和取货，通道宽度为1.5～2.0m，提升高度可达12m。叉车的驾驶室不能提升，考虑到操作视野的限制，主要用于提升高度低于6m的工况。

8. 高位驾驶三向堆垛叉车

高位驾驶三向堆垛叉车如图2-15所示。与低位驾驶三向堆垛叉车类似，高位驾驶三向堆垛叉车也配有一个三向堆垛头，通道宽度为1.5～2.0m，提升高度可达14.5m。其驾驶室可以提升，驾驶员可以清楚地观察到任何高度的货物，也可以进行拣选作业。

图2-14　低位驾驶三向堆垛叉车

图2-15　高位驾驶三向堆垛叉车

9. 电动牵引车

电动牵引车如图2-16所示，是由电动机带动的，一般最大牵引力在10 000～200 000N，行驶速度为0～15kg/h，配置电动机（按牵引力配置）自带的制动系统—— 电磁制动，配置车载蓄电池、充气橡胶轮等。根据车的用途，有坐驾式电动牵引车、站驾式电动牵引

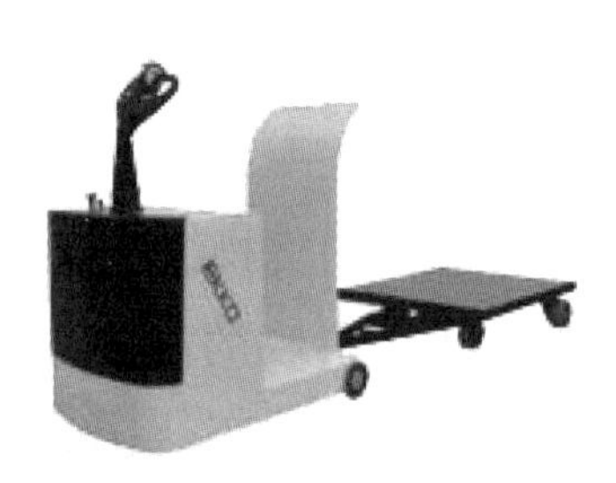

图2-16　电动牵引车

车、迷你型牵引车、电动双驱动牵引车、手扶式电动牵引车、电动物料牵引车、全电动堆高车、平衡式电动堆高车和牵引式电动堆高车等类型。

步骤三：熟悉电动叉车主要技术参数与性能参数

电动叉车的技术参数是用来说明和反映叉车结构特性和工作性能的，其主要技术参数与性能参数见表2–3。

表2–3　电动叉车的主要技术参数与性能参数

技术参数	类别	单位	举例：FB16 /FB16AC
特征	驾驶方式	—	坐驾
	额定载荷	kg	1 600
	载荷中心距	mm	500
	前悬距	mm	395
	轴距	mm	1 380
重量	自重	kg	3 050
	轴负载，满载时前/后轴	kg	4 092/558
	轴负载，空载时前/后轴	kg	1 220/1 830
尺寸	轮子尺寸，前轮	mm	ϕ590×179
	轮子尺寸，后轮	mm	ϕ470×137
	前轮轮距	mm	890
	后轮轮距	mm	920
	门架/货叉，前/后倾角	—	6°～12°
	门架缩回时高度	mm	2 015
	自由提升高度	mm	0
	起升高度	mm	3 000～6 000
	作业时门架最大高度	mm	4 067
	护顶架高度（驾驶室）	mm	2 015
	座位高度/站立高度	mm	1 043
	总体长度	mm	3 205
	叉面长度	mm	2 135
	车体宽度	mm	1 100
	叉架宽度	mm	1 088
	门架下端离地间隙	mm	105
	轴距中心离地间隙	mm	115
	通道宽度，托盘1 000×1 200（1 200跨货叉放置）	mm	3 500
	通道宽度，托盘800×1 200（1 200沿货叉放置）	mm	3 300
	转弯半径	mm	1 900
	内部转弯半径	mm	850

（续）

技术参数	类别	单位	举例：FB16 /FB16AC
性能数据	行驶速度，满载/空载	km/h	0～15
	提升速度，满载/空载	m/s	300
	下降速度，满载/空载	m/s	<600
	最大牵引力，装载/卸载	N	10 990
	最大爬坡能力，满载/空载	%	15
	加速时间，装载/卸载	s	0～3
电动机	驱动电动机功率	kW	5
	提升电动机功率	kW	8.2
	蓄电池电压/额定容量	V/A·h	48/450
	蓄电池质量	kg	820
其他	驱动控制方式	—	直流/交流
	工作压力	MPa	17
	流量	L/min	25.6
	驾驶员耳边噪声等级	dB	<63

应用训练

训练一：认真阅读表2-4，填写表2-5。

表2-4　宁波如意电动叉车系列主要技术参数和性能参数

制造商（缩写）		宁波如意	宁波如意	宁波如意
特征	型号	CPD10S-10	CPD10S-16	CPD10S-20
	驱动方式	电动	电动	电动
	驾驶方式	坐驾	坐驾	坐驾
	额定载荷/kg	1	1.6	2
	载荷中心距/mm	500	500	500
	前悬距/mm	284	338	338
	轮距/mm	1 080	1 380	1 480
重量	自重（带蓄电池）/kg	2 180	3 200	3 400
	轴负载，满载时前/后轴/kg	2 700/480	3 840/960	4 450/950
	轴负载，空载时前/后轴/kg	720/1 460	1 340/1 960	1 440/2 060
轮子底盘	轮子（橡胶轮，高弹性体，气胎轮，聚氨酯轮）	高弹性实心（前轮）/聚氨酯（后轮）	高弹性实心	高弹性实心
	轮子尺寸，前轮/mm	$16\times6\times10\frac{1}{2}$	$18\times7\times12\frac{1}{8}$	$18\times7\times12\frac{1}{8}$
	轮子尺寸，后轮/mm	$\phi280\times100$	$16\times6\times10\frac{1}{2}$	$16\times6\times10\frac{1}{2}$
	前轮轮距/mm	892	990	990
	后轮轮距/mm	0	0	0

（续）

制造商（缩写）		宁波如意	宁波如意	宁波如意
尺寸	门架/货叉，前/后倾角/（°）	3/6	3/6	3/6
	门架缩回时高度/mm	2 126	2 126	2 126
	自由提升高度/mm	0	0	0
	起升高度/mm	3 000	3 000	3 000
	作业时门架最大高度/mm	3 617	3 617	3 617
	护顶架高度（驾驶室）/mm	1 965	2 024	2 024
	座位高度/站立高度/mm	850	990	990
	连接器高度/mm	480	510	510
	总体长度/mm	2 498	3 070	3 170
	叉面长度/mm	1 575	2 000	2 100
	车体宽度/mm	1 012	1 168	1 168
	货叉尺寸/mm	35/100/920	35/100/1 070	40/120/1 070
	叉架DIN15173	A	A	A
	叉架宽度/mm	900	920	920
	门架下端离地间隙/mm	100	100	100
	轴距中心离地间隙/mm	85	120	120
	通道宽度，托盘 1 000×1 200（1 200跨货叉放置）/mm	3 150	3 340	3 440
	通道宽度，托盘 800×1 200（1 200沿货叉放置）/mm	3 250	3 450	3 550
	转弯半径/mm	1 290	1 650	1 750
	内部转弯半径/mm	1 290	1 650	1 750
性能数据	行驶速度，满载/空载/mm	6.2/6.5	10.5/11.5	10.5/11.5
	提升速度，满载/空载/mm	0.12/0.15	0.26/0.4	0.26/0.4
	下降速度，满载/空载/mm	0.16/0.6	0.5/0.4	0.5/0.4
	牵引力，装载/卸载/N	624/428	822/628	822/628
	爬坡能力，装载/卸载（%）	8/10	10/15	10/15
	最大爬坡能力，满载/空载（%）	10/15	15/20	15/20
	行车制动	机械	机械+液压	机械+液压
电动机	驱动电动机功率/kW	2.2	5	5
	提升电动机功率/kW	3	9.2	11
	蓄电池电压/额定容量/（V/A·h）	24/400	48/400	48/500
	蓄电池质量/kg	330	612	712
	蓄电池尺寸（长×宽×高）/mm	812×322×490	814×524×620	814×624×620
其他	驱动控制方式	交流变频	交流变频	交流变频
	工作压力/MPa	12	12	12
	流量/（L/min）	6	14.5	14.5
	驾驶员耳边噪声等级/dB	68	68	68
	牵引连接器，型号DIN	插销	插销	插销

表2–5　宁波如意电动叉车部分技术参数和性能参数

型　号	额定载荷	载荷中心距	提升速度（满载）	行驶速度（满载）	最大爬坡能力（空载）	工作压力	满载时前轴负载
CPD10S-10							
CPD10S-20							

训练二：说出教师提供的某类叉车图片中设备的名称，并指出该类型叉车的三个特点及适用范围。

任务评价

训练项目	考核要求	配　分	评分标准	得　分	总　分
训练一	根据已知的技术参数（表2–4）填写表2–5	56	填错一个空扣4分		
训练二	说出教师提供的某类叉车图片中设备的具体名称 至少指出该类叉车的三个特点 指出该类叉车的适用范围	44	不能说出某类叉车的名称，扣5分 一个特点也未能指出，扣15分；指出特点不足三个，扣5分 未能指出该类叉车的适用范围，扣10分 三个问题均未答出，扣44分		

拓展提升

一、如何选择电动叉车

一般在电动叉车的说明书中会介绍叉车的车型和配置，但因不同使用环境、不同工作量所搬运货物体积的大小、提升货物的高度、通道大小、载重量大小等因素多变，决定了电动叉车的选择是一个复杂、综合的工作。

1. 注意工作环境

电动堆高车、手推电升叉车对地面的要求很高，地面平整度不能相差太大，如果地面是油脂、油漆地面，选择叉车时必须选购防滑型堆高车。

2. 注意作业工作量

不同的工作量应选择相对匹配的蓄电池，订购时用户须加以说明，生产时可根据用户的工作量选用匹配的蓄电池。所搬运货物的大小关系到货叉的载荷中心，货叉的长短关系到叉车承载能力，选择相适应的货叉、叉车特别重要。

3. 注意货物的起升高度

电动叉车在1.6m内每上升200mm，载重量下降50kg，以此推算货物允许的起升高度。

4. 注意通道大小

通道的大小关系到电动叉车的转弯半径，选购叉车时须加以说明。

二、电动叉车的使用特点

（1）在起升车辆中，叉车的机动性能和牵引性能最好，充气轮胎的内燃叉车可在室内外作业，电动叉车适合在室内作业。

（2）叉车常用起升高度在2～4m，有的起升高度可达到8m，叉车方便在车站、码头装卸货物，也可在工地和企业的车间内外搬运机件。

（3）叉车的作业生产率在起升车辆中最高，它的行驶速度、起升速度和爬坡能力也最强，在选用起升车辆时可优先考虑。

（4）叉车主要用于装卸作业，也可在50m左右的距离进行搬运作业。

（5）叉车可带各种属具，以扩大用途。

项目三 认识叉车的总体结构

叉车作为物流行业中货物装卸和搬运的重要设备，对于完成物品的转移起着不可或缺的重要作用。为提高叉车驾驶员对叉车的综合运用能力，确保作业质量，更好地掌握叉车的驾驶与维修技术，就需要驾驶人员熟悉叉车的工作装置，了解叉车常见属具，认知叉车总体结构。

任务一　熟悉叉车的工作装置

任务目标

知识目标

1. 了解叉车工作装置的含义
2. 明确叉车工作装置的各组成部分及名称

能力目标

1. 掌握叉车工作装置的功能
2. 能够熟练操作叉车的工作装置

任务描述

叉车作业时，仅依靠驾驶员的操作就能够使货物的装卸、堆垛、搬运等作业过程机械化，而无须装卸工人的辅助劳动，这不但保证了安全生产，而且使劳动力大大降低，提高了作业效率，经济效益十分显著。叉车驾驶人员若想熟练操纵叉车，顺利完成货物的叉取、升降、堆放等工作，就必须熟悉叉车的工作装置。

任务准备

为顺利完成货物的叉取、升降、堆码、卸载等工作，需要叉车驾驶人员了解叉车进行货叉升降和门架的前、后倾等项工作时的装置，熟悉叉车工作装置的组成部分及工作原理，会操作升降手柄和前、后倾手柄，完成货叉升降和门架的前、后倾等简单动作。

任务实施

步骤一：了解叉车的工作装置

叉车的工作装置也称起升系统，是叉车总体结构的一个重要组成部分，是叉车进行装卸的工作部分，承受全部货重，并完成货物的叉取、升降、堆放等工序。

步骤二：熟悉叉车工作装置的组成部分

叉车的工作装置随叉车的不同而不同，通常分为门架式工作装置和前伸式工作装置两大类。目前我们常用的平衡重式叉车属于门架式叉车，其工作装置主要有货叉、货叉架、门架、起升链条和链轮等部分，如图3–1所示。

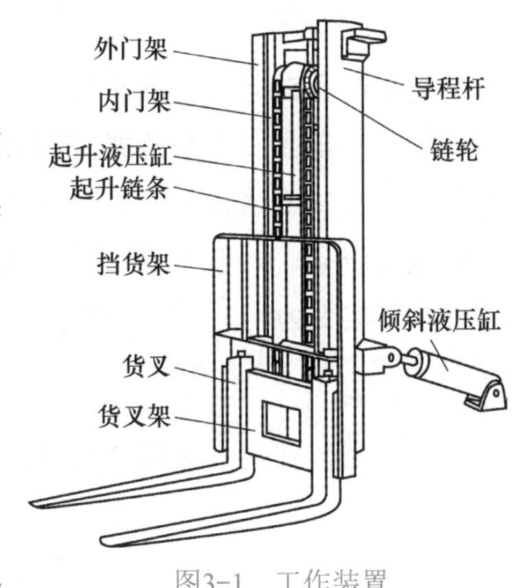

图3–1　工作装置

步骤三：了解叉车工作装置的工作原理

1. 货叉

货叉是直接承载货物的叉形构件，一般由合金钢40Cr锻成，经热处理以提高其耐磨性和其他力学性能。叉车一般配有两个货叉，并可根据作业需要调节两货叉间的距离。货叉可分为整体式和铰接式（又称折叠式）两种。

2. 货叉架

货叉架是一个框架形状的结构，承受纵向与横向载荷，用于安装货叉、导轮或其他属具。起升链条的下端与它相连接，两侧各有四个滚轮，可以沿内门架的内壁上下滚动，使属具架和内门架之间的运动为滚动摩擦，并保证导轮架平稳升降。货叉架一般由型钢焊成。其上装有挡货架，挡货架增加了货物在货叉上的稳定性，以防止货物脱落。叉架由上、下横梁，挡货架及导轮架等部分组成。

3. 门架

叉车门架由内门架和外门架组成，是由两个垂直支柱和上横梁焊接而成的。外门架的立柱大多是用特制的槽钢制成的；内门架立柱的截面形状较多，有槽形、工字形和其他异形形状。根据门架排列的形式不同，叉车门架分为并列式（又称滚动式）和重叠式（又称滑动式）两大类。当内门架并列于外门架的内侧时称为并列式；当内门架立柱置于外门架立柱之内，内外门架立柱重叠，这种门架形式称为重叠式。门架位于叉车前部，门架宽度越大，驾驶员的视野也就越好。在外门架尺寸相同的条件下，重叠式门架立柱与起升液压缸之间的间隙大，因而驾驶员的视野比并列式门架好，但其升降阻力大。而并列式内门架则以滚轮沿外门架内壁滚动，其运动阻力比重叠式小。因此，重叠式门架已逐渐被并列式门架代替。

4. 起升链条

叉车起升链条是支撑叉架和货物重量并带动叉架运动的重要挠性构件。叉车使用的起升链条主要是片式链和套筒滚子链两种。片式链比套筒滚子链的承载能力大，承受冲击载荷的能力强，工作更为可靠，更适合于叉车使用，可以采用单排或双排链条。一般来说，单排链条对驾驶员视线较为有利，而双排链条稳定性较好，门架受力均匀，但对驾驶员的视线稍有影响。

5. 链轮

一般安装在起升液压缸柱塞或活塞杆的顶部，其作用是支撑链条，并改变链条的走向。

步骤四：操作叉车工作装置

叉车工作时通过升降手柄和前、后倾手柄来控制多路换向阀的动作，以改变压力油流动方向，从而控制升降液压缸和倾斜液压缸工作，实现货叉升降和门架的前、后倾，完成货物的叉取、升降、堆码、卸载等作业。

应用训练

训　练：识别与操作工作装置

步骤一：由学生根据叉车实物说出叉车工作装置的各部分名称，并说明各部分的功能。

步骤二：教师使用操纵杆进行货叉升降和门架的前、后倾等简单动作操作。

步骤三：学生按照教师的示范使用操纵杆进行货叉升降和门架的前、后倾等简单动作操作。

任务评价

训练项目	考核要求	配分	评分标准	得分	总分
训练	说出叉车工作装置各部分的名称，并说出各部分的功能	30	错一项扣6分		
	明确各工作装置的工作原理	30	错一项扣6分		
	熟练升降货叉、前后倾门架等工作装置的操作	40	错一操作项扣10分		

拓展提升

在教师的指导下，使用叉车的工作装置进行货物的叉取、升降、堆码、卸载等简单操作，以便对叉车工作装置有更深刻的了解。

（1）提升货叉，升至距地面20～40cm，货叉后倾角为40°。

（2）下降货叉，货叉前倾至水平位置，叉车向前，对准、叉取托盘。

（3）将托盘升至20～40cm，后倾角为40°。

（4）下降货叉，前倾至水平位置，放置托盘，叉车后退，返回原位。

（5）将货叉降至地面，完成对工作装置的简单操作。

通过以上操作，学生可以明确叉车工作装置如何工作，以及如何操纵工作装置进行工作。

任务二　了解叉车常见属具

任务目标

知识目标

1. 理解叉车属具的含义
2. 了解叉车常用的属具

能力目标

1. 说出叉车常用属具的用途
2. 明确叉车属具使用中有关安全的注意事项
3. 能根据特殊货物与工作环境选择适用的叉车属具

任务描述

在通常情况下，使用货叉搭配托盘进行装卸作业基本上能满足要求，但对于一些特殊货物只使用货叉作业将影响工作效率和作业安全。为满足特殊货物的作业要求，需要配置一些专用的叉车附属用具。简单的属具可直接安装在叉架上，复杂的属具还需配置液压机具等。这就需要我们对常见的叉车属具进行了解，以便在实际工作中熟练使用叉车属具，满足叉车装卸作业的工作要求。

任务准备

和传统意义上使用叉车货叉叉取货物托盘进行搬运和堆垛相比，专用的属具应用能够大大提高叉车的使用效率，降低运营成本。为掌握叉车属具的内容，需明确叉车属具的使用意义，了解几种常见的叉车属具，熟悉各种常见属具的功能，掌握使用属具的安全注意事项。

任务实施

步骤一：理解叉车属具的含义

叉车属具也称多种装置，是发挥叉车一机多用的工具，是人们为满足特殊货物的作业要求而配置的一些专用的叉车附属用具。目前，人们越来越重视叉车的工作效率及其安全性能，而提高叉车工作效率及其安全性，同时又能大大降低货物破损的一个重要手段即为叉车配装属具。

步骤二：明确叉车属具的使用意义

和传统意义上使用叉车货叉叉取货物托盘进行搬运和堆垛相比，专用的属具应用能够大大提高叉车的使用效率，降低运营成本。专用的叉车属具可实现对货物的夹抱、旋转（顺/逆时针）、侧移、推/拉、翻转（向前/向后）、分开/靠拢（调整货叉间距）、伸缩等功能，这是普通叉车货叉所无法完成的动作。叉车专用属具的应用所体现出的意义可以概括为以下几点：

1. 生产效率高，运行成本低

机械化搬运比传统的人力搬运作业时间短，同时降低了劳动力的支出和成本，提高了工作效率。在同一个搬运循环中，叉车的动作次数明显降低，叉车相应的轮胎、传动齿轮磨损，油耗和运行成本相应减小。

2. 操作安全可靠，降低事故率

由专业叉车属具制造商设计和生产的针对不同行业工况的属具均设计有安全装置，在异常情况时所夹（或叉）的货物不易滑落，如夹类属具的保压装置（承载货物时，油管爆裂，液压系统保持压力，货物不会滑落）、侧移类属具的末端缓冲装置等，降低了事故率。

3. 货物损耗小

借助于属具特有的夹持、侧移、旋转等功能，货物可以更安全地被运送、堆

高或装卸，进而将货物损耗程度降到最低。属具的使用也同时降低了托盘的使用频率（如无托盘搬运作业），其相应的采购和维修成本也因此减小。

步骤三：认识常见的叉车属具

叉车除了使用货叉作为最基本的工作属具之外，还可以根据用户需求开发配装多种可换属具。属具换装方便，目前广泛使用的属具约有30多种。下面列出的是几种常见属具：货叉套、串杆、吊钩、起重臂、倾翻货叉、侧移货叉、旋转夹、推出器、桶夹、侧夹、锻造夹、铲斗等。

步骤四：掌握常见叉车属具的用途

（1）货叉套。将货叉套套在货叉上，是用来增加承载长度的构件，如图3–2所示。

（2）串杆。串杆用于插在如盘条、卷钢等货物的孔中，是起升和搬运货物的棒形构件，可搬运热钢卷、轮胎和水泥管段，如图3–3所示。

图3–2　货叉套

图3–3　串杆

（3）吊钩。吊钩安装在货叉或串杆上，是起吊货物的起重钩，如图3–4所示。

（4）起重臂。起重臂是用于起重作业的臂架和吊钩，可吊起各种货物，如图3–5所示。

图3–4　吊钩

图3–5　起重臂

（5）倾翻货叉。倾翻货叉是与挡货架一起倾翻的货叉，常用于装卸不怕摔的件状货物，可装圆木，如图3–6所示。

（6）侧移货叉。它是货叉梁能横向移动的属具，可使叉车在狭小的场所作业时容易对准货物，如图3–7所示。

图3–6　倾翻货叉

图3–7　侧移货叉

（7）旋转夹。旋转夹可回转360°，用以调整货物位置，以便于存放，如图3–8所示。

（8）推出器。推出器是可将货物从货叉上推出的属具，如图3–9所示。

图3–8　旋转夹

图3–9　推出器

（9）桶夹。利用桶夹可搬运油桶、纸卷，如图3–10所示。

（10）侧夹。利用侧夹可搬运纺织品捆包、纸浆包，如图3–11所示。

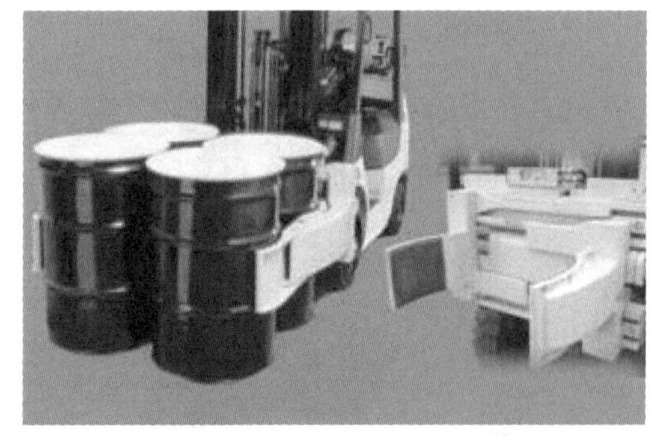
图3–10　桶夹

图3–11　侧夹

（11）锻造夹。利用锻造夹可夹持锻件并能使其翻转，如图3–12所示。

（12）铲斗。铲斗是装卸散状物料用的属具，如图3–13所示。

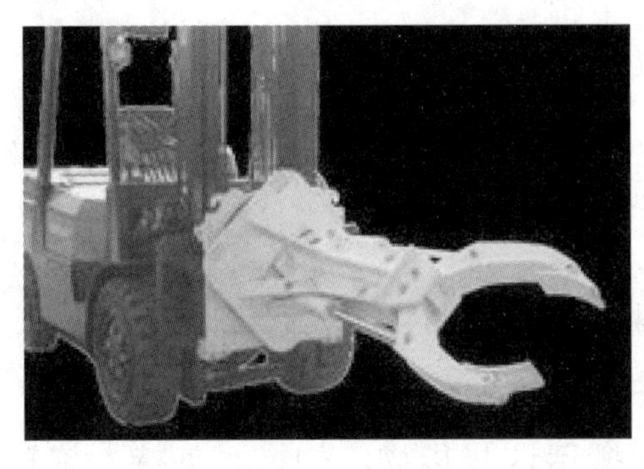

图3–12　锻造夹

图3–13　铲斗

步骤五：熟悉叉车属具使用有关安全的注意事项

各种属具多由短的活塞式液压缸、高压胶管、胶管卷绕器、快速接头、圆形密封圈、属具专用件等组成。这些零部件可参照一般液压件进行清洁、维护。属具使用过程中除应注意管路系统的渗油、破裂等异常现象外，特别是属具的容许载荷、起升高度、货物的尺寸和属具的适用范围、运行时的宽度均应严格地按属具的性能参数表执行，既不能超载，又不能偏载。对于偏载作业，中小吨位带属具的叉车，短时偏载范围是±150mm。

在叉车的使用中，配对的两货叉叉厚、叉长应大致相等。两货叉装上叉架后，其上水平面应保持在同一平面上。必须严格遵守操作规程，不允许超载或长距离搬运货物；在搬运超长或重心位置不能确定的物件时，要有专人指挥，并格外小心。用货叉叉货时，叉距应适合载荷的宽度，货叉尽可能深地插入载荷下面，用最小的门架后倾角来稳定载荷，防止载荷后滑；放下载荷时可使门架少量前倾，以便安全地放下货物和抽出货叉。作业时，货叉应尽量低速行驶，以距地面20～40cm为宜，门架应适当后倾，行驶中不得任意提升或降低货叉，不得在坡道上转弯及横跨坡度行驶，不允许用货叉挑翻货盘的方法卸货；不准用货叉直接铲运危险物品和易燃品等；不准用单货叉作业或惯性力叉货；更不得用制动惯性溜放圆形或易滚动的货物。

步骤六：选择叉车属具时应考虑的因素

叉车属具作为物流业一个密不可分的组成部分，其在货物装卸、搬运中的作用显而易见，但如何才能将其效率发挥出来，在叉车属具的使用中选择适用的属具就显得非常重要。

（1）货物种类是叉车属具选择要考虑的首要因素，如纸卷、软包、桶类、家电、管、托盘等项目。

（2）货物重量/体积。

（3）外表面/接触面（外包装）。

（4）运输方式：

1）托盘运输：货物托盘的尺寸，托盘插孔高度。

2）无托盘运输：货物堆间距，货物件数。

（5）具体搬运信息/实际环境：指怎样搬运这些货物，如推、夹持、旋转（水平于行驶方向）、侧倾（水平于行驶方向）、侧向移动、侧倾（沿行驶方向）、汽车后部上货或车侧面上货。

（6）实际应用中有何限制：高度、长度、宽度、重量或其他。

（7）属具的应用领域：冶炼厂、工地、仓库、特殊场合等。

（8）环境因素：易爆区域、粉尘、高温、低温、酸性、糖类、盐、食品、营养品、饮料等。

（9）叉车：叉车型号、门架类型。

应用训练

训练一：根据播放的PPT课件，说出常见的叉车属具，并说出它们的用途。

训练二：学生分组讨论，说出使用叉车属具的意义及有关安全的注意事项。

训练三：列出选择叉车属具需要考虑的因素，由学生说明怎样选择适用的叉车属具。

任务评价

训练项目	考核要求	配分	评分标准	得分	总分
训练一	认识常用的叉车属具，明确其用途	30	错一项扣4分		
训练二	理解使用叉车属具的意义，掌握其有关安全的注意事项	30	错一项扣5分		
训练三	根据特殊物品的不同情况，选择使用叉车属具	40	错一项扣5分		

拓展提升

设计几种特殊物品的装卸环境，选择适用的叉车属具，保证货物叉取、装卸工作的顺利进行，以提升学生对叉车属具重要性的认识。

（1）需叉取的货物较长。

（2）叉取货物的空间较狭窄。

（3）散装货物。

（4）纸卷。

（5）纺织品捆包。

（6）轮胎。

（7）纸浆包。

根据以上所设货物情况及工作环境，由学生选择适用的叉车属具。

任务三　认知叉车总体结构

任务目标

知识目标

1. 熟悉叉车的总体结构
2. 区分内燃叉车与电动叉车的不同及各自优缺点

能力目标

1. 明确叉车总体结构各部分的工作原理
2. 根据不同的工作环境选择适用的叉车

> 小提示
> 本部分配有叉车结构动画，详见本书教学资源包。

任务描述

目前市场上叉车种类很多，不同类型的叉车在性能上有着很大的差别。在选择叉车的时候主要从叉车的总体结构功能、性能、使用领域等多个方面进行考虑，选择最适合的叉车。同时，叉车的操作与维修也需要了解叉车的总体结构，以使叉车真正成为物流工作的好伙伴。所以，对叉车总体结构的认知是本任务学习的一个重要内容。

任务准备

叉车种类繁多，但不论哪种类型的叉车，总体结构的组成基本一致，由于平衡重式叉车是叉车最普通的一种形式，现以此类叉车为例，说明叉车总体结构的组成及组成部分的工作原理，并分清内燃叉车与电动叉车的区别，根据工作场地与环境的要求选择适用的叉车。

任务实施

步骤一：熟悉叉车总体结构的组成及工作原理

1. 叉车总体结构的组成

平衡重式叉车是叉车最普通的一种形式，其主要组成部分有动力装置、传动装置、操作装置、工作装置、液压装置和电气装置，如图3–14所示。

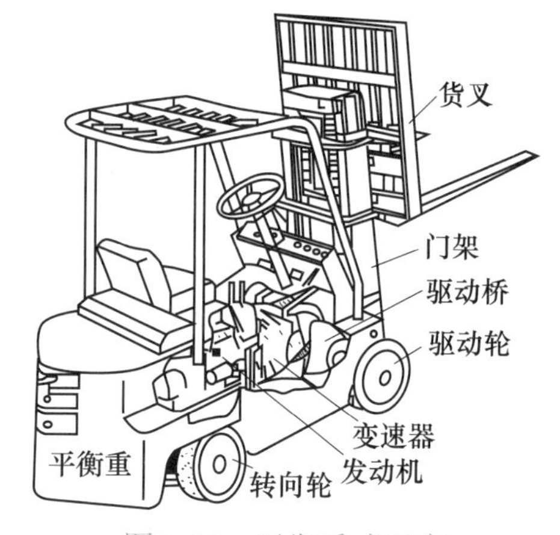

图3–14　平衡重式叉车

2. 叉车各组成部分的工作原理

（1）动力装置。叉车动力装置为叉车工作装置装卸货物和轮胎底盘运行提供所需动力，一般装于叉车的后部起平衡配重作用，是将热能转换为机械能的机械。发动机产生的动力由曲轴输出，并通过传动装置驱动叉车行驶或驱动液压泵工作，完成行驶、叉取、堆码货物等作业。供叉车作动力装置的有内燃发动机和蓄电池—电动发动机两种。

（2）传动装置。传动装置接受动力并将原动力传递给驱动轮，有机械、液力和液压三种。机械传动装置由摩擦式离合器、变速器和驱动桥组成。液力传动装置由液力变矩器、动力换挡变速器和驱动桥组成。液压传动装置由液压泵、阀和液压马达等组成。叉车传动装置的特点是前进、后退的档位数和速度大致相同。

传动装置的功能是将动力装置（发动机）输出的动力传递给液压泵和驱动轮，实现叉车的升降、倾斜和行驶。其具体功能有以下几方面：

1）降低转速，增大扭矩。动力装置的转速较高，而扭矩较小，不适应机械的行驶要求。因此，为了获得较大的牵引力和适当的运行速度，在传动系统中设有减速器。

2）实现双轮驱动机械的左右驱动轮差速行驶，使转向灵活，操纵省力，在双轮驱动的传动系统中设有差速器。

3）实现机械的正向、反向行驶和变速。在机械式、液力机械式传动系统中设有变速器。

4）根据需要，接合或切断动力传递。由于机械经常处于停车、起步、内燃机怠速运转和起动状态，这就需要发动机与传动装置之间的动力能平稳地接合或切断，因此，在机械式传动系统中设有离合器。

（3）操作装置。操作装置包括转向系统和制动系统两部分，其基本作用是改变叉车的行驶方向，降低运行速度或迅速停车，以保证装卸作业的安全。

1）转向系统用以控制叉车的行驶方向。叉车转向装置的特点是转向轮在车体的后部。

① 转向系统的功能是使车辆在行驶中能按驾驶员的操纵要求适时地改变行驶方向，并在受到路面传来的偶然冲击而意外地偏离行驶方向时，能与行驶系统配合共同保持车辆稳定地直线行驶。

② 转向系统是车辆的主要组成部分，而且其工作的好坏直接影响到车辆的行驶安全，所以对转向系统有特殊要求：工作可靠；操纵轻便灵活；保证转向时各车轮做纯滚动而没有滑动；尽量减少由转向轮传递至方向盘上的冲击；在转向后方向盘有自动回正能力；当车辆处于直线行驶位置时，方向盘的自由间隙应当最小。

③ 叉车的转向系统一般由转向器（在驾驶员前方）、转向拉杆和转向轮等组成。

2）制动系统是叉车总体结构的重要组成部分，用以对行驶中的叉车施加阻力，消耗车辆行驶积蓄的动能，强制其减速或停车，防止停驶的车辆自行移动。

① 制动系统的功能是在行车过程中能按需要使汽车速度降低，甚至停车；在下坡行驶时能使车辆保持适当的稳定速度；在停驶时能使车辆可靠地在原地（包括在坡道上）停驻。

② 对制动系统的要求是有足够的制动力，以保证一定车速下制动距离符合要求；操纵轻便灵活；制动稳定性好，制动时各车轮制动力基本一致；制动平衡性好；制动系统应便于间隙调整与维护。

③ 制动系统一般有两套独立的制动装置，即行车制动装置和驻车制动装置。

行车制动（脚制动）一般由驾驶员通过制动踏板操纵，用来强制性地降低车辆速度，直至停止，它只是在踏下制动踏板时起作用，在松开制动踏板后制动即行解除。驻车制动（手制动）是当车辆停驶后，即使驾驶员离开，也能防止汽车自行移动的一套制动装置，驻车制动常用制动操纵杆（手柄）操纵。

（4）工作装置。叉车的工作装置（有的也称为起升系统）主要是由货叉、叉架、门架、起升链条和链轮等组成，它通常与叉车的油路、液压系统等一起工作，是叉车进行装卸作业的执行机构。其功能是用来叉取、升降或堆码货物。

（5）液压装置。液压装置包括油箱、液压泵、分配器、提升液压缸、倾斜液压缸。它是对货物的升降和门架的倾斜以及对其他由液压系统完成的动作，实现适时控制装置的总和。其功能是实现货物的升降、倾斜等动作。

1）叉车的液压系统主要用于门架的起升和倾斜机构的工作。其液压传动是用液体作为工作介质来传递能量和进行控制的传动方式。液压系统利用液压泵将原动机的机械能转换为液体的压力能，通过液体压力能的变化来传递能量，经过各种液压控制阀和管路的传递，借助于液压执行元件（液压缸）把液体压力能转换为机械能，从而驱动工作机构，实现直线往复运动和回转运动。

2）一个完整的液压装置由五个部分组成，即动力元件、执行元件、控制元件、辅助元件和传动介质，见表3-1。

表3-1 液压装置

名称	内容	作用
动力元件	液压泵（高压齿轮泵）	在电动机的带动下将机械能转换成液体的压力能，向整个液压系统提供一定的动力、一定流量的压力油
执行元件	液压缸（起升缸、倾斜缸、平移缸和转向缸）	将液体的压力能转换为机械能，驱动负载做直线往复运动或回转运动
控制元件	液压控制阀（溢流阀、单稳分流阀、多路换向阀、单向节流阀、单向阀、全液压转向器等）	在液压系统中控制和调节液体的压力、流量和方向，以满足液压系统的工作要求
辅助元件	油箱、滤油器、油管及管接头、密封圈、压力表、油位油温计等	保证液压系统的正常工作
传动介质	液压油（矿物油、乳化液和合成型液压油等）	液压系统中传递能量的工作介质，并有润滑和冷却作用

（6）电气装置。电气装置包括电源部分和用电部分，主要有蓄电池、发电

机、起动电动机（电瓶叉车由串激直流电动机起动；内燃机叉车由电动起动机起动）、调速度转拨器、点火装置、照明装置、信号灯、报警灯和喇叭等。

1）工作电机为工作液压系统提供动力，用来驱动货叉的升降和倾斜。

2）转向电动机为转向液压系统提供动力，推动转向轮偏转，实现转向。

3）调速度转拨器简称电控，包括转拨器、接触器、加速器和多功能显示器等，主要用于叉车行走电动机的调速，从而控制叉车的行驶速度，实现无级变速。

4）蓄电池组是电动叉车的动力源，负责供给叉车用电设备的直流电源。

步骤二：熟知电动叉车的结构特点

内燃叉车与电动叉车在总体结构上的区别主要体现在动力装置上，除此之外，行走传动机构及其操纵装置也有所不同，但是叉车的工作装置及液压系统、转向装置、制动装置、驱动桥和转向桥等则是彼此相同或相似的。

1. 电动叉车的动力源——蓄电池

蓄电池是储存化学能量，于必要时放出电能的一种电气化学设备。在电动叉车的动力装置中，蓄电池是原动力，它是将化学能直接转化成电能的一种装置，是按可再充电设计的电池，通过可逆的化学反应实现再充电，属于二次电池，通常指铅酸蓄电池，如图3–15所示。

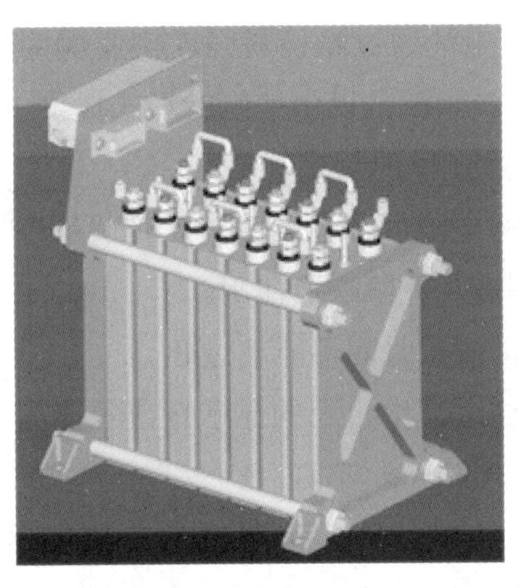

图3–15　蓄电池

（1）蓄电池的工作原理及结构。充电时利用外部的电能使内部活性物质再生，把电能储存为化学能，需要放电时再次把化学能转换为电能输出。它用填满海绵状铅的铅基板栅（又称格子体）作负极，填满二氧化铅的铅基板栅作正极，并用密度1.33～1.46g/mL的稀硫酸作电解质。电池在放电时，金属铅是负极，发生氧化反应生成硫酸铅；二氧化铅是正极，发生还原反应生成硫酸铅。电池在用直流电充电时，两极分别生成单质铅和二氧化铅。移去电源后，它又恢复到放电前的状态，组成化学电池。铅蓄电池能反复充电、放电，它的单体电压是4V，它是由一个或多个单体构成的电池组，最常见的是6V、14V蓄电池，其他还有4V、8V、44V蓄电池。

（2）蓄电池的种类。

1）牵引型蓄电池主要用于各种蓄电池车、叉车、铲车等动力电源。

2）起动型蓄电池主要用于汽车、摩托车、拖拉机、柴油机等起动和照明。

3）固定型蓄电池主要用于通信、发电厂、计算机系统，作为保护、自动控制的备用电源。

4）铁路用蓄电池主要用于铁路内燃机车、电力机车、客车起动、照明之用。

5）储能用蓄电池主要用于风力、太阳能等发电的电能储存。

（3）牵引式蓄电池的结构特点。电动叉车上使用的电源基本上都是牵引型蓄电池（也称动力型蓄电池），在结构上，牵引型蓄电池正极板一般采用管式极板，负极板采用涂膏式极板。管式正极板是由一排竖直的铅锑合金芯子、外套以玻璃纤维编结成的管子；管芯在铅锑合金制成的栅架格上，由填充的活性物质构成。由于玻璃纤维的保护，使管内的活性物质不易脱落，因此管式极板寿命相对较长。将单体的牵引型蓄电池通过螺栓紧固连接或焊接的形式连接，可以组合成不同容量的电池组，电动叉车就是以电池组的形式提供电源的。

（4）电动叉车电池的使用与保护。

1）经常检查每个单格电池的液面高度，及时适量添加去离子水或者蒸馏水。严禁添加任何密度的电解液，严禁缺液使用。

2）使用后及时充电，搁置时间不能超过4h。

3）必须充足电，可通过充电机上的显示灯或者检测电解液密度来判断，即充满电时，电解液密度应在1.47g/cm^{3}左右。

4）禁止电池组过量放电使用，可通过叉车仪表器上的显示表或者检测电解液密度来判断，当仪表器显示到红线时或者电解液密度在1.13g/cm^{3}左右时应停止使用，为电池充电。

5）严禁任何杂质进入电池内，每天都要为电池组保持清洁和干燥。

6）电池组及引出线如果是活接式，要经常检查保证连接可靠牢固。

7）充放电时严禁明火靠近，以免发生爆炸事故。

8）严禁任何机械性损伤（如外置物体对电池组的损伤）。

9）电池组的维护、操作及充放电工作，必须是由经过专业培训的熟练人员或叉车驾驶员来完成。严禁非专业人员及未成年人靠近，甚至操作使用电池组。

2. 电动叉车动力装置的核心——直流电动机

电动机是将电能转化为机械能的装置，按照供电电源的不同，可分为交流电动机和直流电动机两大类。由于直流电动机具有良好的起动性能和调速性能，加之机械特性能更好地满足工作机械的要求，被广泛用于电力牵引、起重设备等要求调速范围大、精度高的场合。目前电动叉车使用的就是直流电动机。

直流电动机由定子和转子两部分组成。其构造的主要特点是具有一个带换向器的电枢。

1）定子。直流电动机的定子由机座、主磁极、换向磁极、机座和电刷装置等部件组成。

2）转子。直流电动机的转子由电枢、换向器、转轴和风扇等部件构成。其中，电枢由电枢铁心和电枢绕组两部分组成。电枢铁心由硅钢片叠成，其外圆处均匀分布着齿槽，电枢绕组则嵌置于这些槽中。换向器是一种机械整流部件，由换向片叠成圆筒形后，以金属夹件或塑料成型为一个整体。各换向片间互相绝缘。换向器的质量对运行可靠性有很大影响。其作用是产生电磁转矩和感应电动势。

步骤三：熟知内燃叉车的结构特点

1. 内燃叉车的动力源——发动机

发动机是一种通过燃料在其内部燃烧，将燃料中的化学能转为热能，并通过一定的机构再转化为机械能的机器。发动机是内燃叉车动力装置的核心部分之一，下面进行简单介绍。

（1）发动机的种类。

1）按所用燃料的不同，可分为汽油机、柴油机及液态石油气机。

2）根据着火方式的不同，可分为压缩着火（柴油机）和强制点火（汽油机、液化气机）两类。

3）按照气缸冷却方式的不同，可分为水冷式和风冷式两种。叉车发动机为水冷式气缸。

4）按照完成一个工作循环所需的行程数不同，可分为四行程发动机和二行程发动机。叉车多使用四行程发动机。

（2）发动机的基本结构。四行程汽油机主要由曲柄连杆机构、配气机构、供给系统、点火系统、润滑系统和冷却系统等组成。四行程柴油机与其基本相同，只是少了一个点火系统。

1）曲柄连杆机构。曲柄连杆机构是发动机实现工作循环，完成能量转换的主要运动零件。

2）配气机构。配气机构的作用是根据发动机的工作顺序和工作过程，定时开启和关闭进气门、排气门，使可燃混合气体进入气缸，并使燃烧后的废气在一定时刻排出，实现换气过程。

3）供给系统。供给系统的作用是供给气缸空气和燃油，形成可燃混合气，并排出燃烧后的废气。

4）点火系统。混合气在气缸内被压缩后要用电火花来点燃。供给低压电流的电源（蓄电池和发电机），将低压电流变为高压电流的设备（点火线圈和断电器），以及将高压电流分配给火花塞（装在气缸盖上）的设备（分电器）组成了汽油机的点火系统。

5）润滑系统。润滑系统的作用是向做相对运动的零件表面输送定量的清洁的润滑油，以实现液体摩擦，减少摩擦阻力，减轻机件的磨损，并对零件表面进行清洗和冷却。

6）冷却系统。冷却系统的作用是将发动机受热零件的热量传出，以保持发动机在最适宜的温度（水温80～90℃）状态下工作。

7）起动系统。要使发动机由静止状态过渡到工作状态，必须先用外力转动发动机曲轴，使活塞做往复运动。气缸内的可燃混合气燃烧膨胀做功，推动活塞向下运动使曲轴旋转，发动机才能自行运转，工作循环才能自动进行。因此，曲轴在外力作用下开始转动到发动机自动地怠速运转的全过程，称为发动机的起动。完成起动过程所需的装置，称为发动机的起动系统。

（3）发动机的工作原理。发动机气缸内进行的每一次将热能转变为机械能的一系列连续过程，称为发动机的一次工作循环，每一次工作循环都包括进气、压缩、做工和排气四个过程。现以四行程汽油机为例说明发动机的工作原理。

1）进气行程。在这个行程中，进气门开启，排气门关闭，气缸与化油器相通，活塞由上止点向下止点移动，活塞上方容积增大，气缸内产生一定的真空度。可燃混合气被吸入气缸内。活塞行至下止点时，曲轴转过半周，进气门关闭，进气行程结束。

由于进气道的阻力，进气终了时气缸内的气体压力稍低于大气压，为0.07～0.09MPa。混合气进入气缸后，与气缸壁、活塞等高温机件接触，并与上一循环的高温残余废气相混合，所以温度上升到370～400K。

2）压缩行程。进气行程结束后，进气门、排气门同时关闭，曲轴继续旋转，活塞由下止点向上止点移动，活塞上方的容积缩小，进入到气缸中的混合气逐渐被压缩，使其温度、压力升高。活塞到上止点时，压缩行程结束。

压缩终了时，混合气温度为600～700K，压力一般为0.6～1.4MPa。混合气被压缩之后，密度增大，压力和温度迅速升高，为燃烧创造了良好条件。

3）做功行程。当压缩冲程临近终了时，火花塞发出电火花，点燃可燃混合气。由于混合气迅速燃烧膨胀，在极短时间内压力可达到3～5MPa，最高温度为4 400～4 800K。高温、高压的燃气推动活塞迅速下行，并通过连杆使曲轴旋转而对外做功。

在做功行程中，活塞自上止点移至下止点，曲轴转至一周半。随着活塞下移，活塞上方容积增大，燃气温度、压力逐渐降低。做功行程终了时，燃气温度降至1 300～1 600K，压力降至0.3～0.5MPa。

4）排气行程。混合气燃烧后成了废气，为了便于下一个工作循环，这些废气应及时排出气缸，所以在做功行程终了时，排气门开启，活塞向上移动，废气便排到大气中。当活塞到达上止点时，排气门关闭，曲轴转至两周，完成一个工作循环。

由于废气受到流动阻力及燃烧室容积的影响，不可能完全排尽。所以排气终了时，气缸内废气压力总是高于大气压力，为0.105～0.115MPa，温度为900～1 400K。留在缸内的废气，称残余废气，它对下一循环的进气行程是有妨碍的，因此要求排气尽可能干净。

综上所述，四行程汽油发动机经过进气、压缩、燃烧做功和排气四个过程，完成一个工作循环。这期间活塞在上、下止点间往复移动了四个行程，相应地曲轴旋转了两周。

2. 内燃叉车的特点

内燃叉车和电动叉车相反，它的主要优点是不需要充电设备，作业时间较长，功率大，爬坡能力强，对路面要求较低，基本投资少。如果采用合适的传动方式，能获得理想的牵动性能。其缺点是运转时有噪声和振动，排废气，检修次数较多，运营费用较高，整车的使用时间较短。因此，一般起重量在中等吨位以上时，宜优先选用内燃叉车。

由于使用燃料的不同，内燃叉车分为平衡重式柴油叉车、平衡重式汽油叉车和平衡重液化石油气叉车。

（1）平衡重式柴油叉车体积较大，但稳定性好，宜于重载，使用时间无限制，使用场地一般在室外。与汽油发动机相比，柴油发动机动力性较好（低速不易熄火、过载能力强、长时间作业能力强），燃油费用低。但振动大、噪声大、排气量大、自重大、价格高，载重量为0.5～45t。

（2）平衡重式汽油叉车体积较大，但稳定性好，宜于重载，使用时间无限制，使用场地一般在室外。汽油发动机外形小，自重轻，输出功率大，工作噪声及振动小且价格低。但汽油机过载能力、长时间作业能力较差，废气中有害成分较多，易着火，燃油费用较高。载重量为0.5～4.5t。

（3）平衡重液化石油气叉车即平衡重式汽油叉车上加装液化石油气转换装置，通过转换开关能进行使用汽油和液化气的切换。其最大的优点是尾气排放好，一氧化碳排放明显少于汽油机，减少公害，还可减轻发动机的磨损，延长发动机的寿命，燃油费用低（15kg的液化气相当于40L汽油），适用于对环境要求较高的室内作业。

随着经济的发展和环保、节能要求的提高，电动叉车迅猛发展，市场销量逐年上升。尤其是在港口、仓储及烟草、食品、轻纺等行业，电动叉车被广泛使用。但由于内燃叉车具有稳定性好、宜于重载、使用时间无限制等电动叉车所无可取代的优点，在工地、码头等许多室外工作环境中，会经常看到它力举千斤的伟岸身影。仅从环保的角度来讲，对噪声和空气污染要求较严的场合应采用蓄电池－电动机为动力，如使用内燃机应装有消声器和废气净化装置。

应用训练

训练一：学生以组为单位归纳出叉车总体结构各组成部分的功能，并总结电动叉车与内燃叉车在总体结构上的异同。

训练二：要求学生掌握蓄电池的使用与保护，指导学生进行蓄电池的充电、填充电瓶液等基本操作。

训练三：教师设置工作环境，由各组选择适用的叉车，并说明理由。

任务评价

训练项目	考核要求	配分	评分标准	得分	总分
训练一	了解叉车的总体结构，熟悉其各组成部分的功能，并总结电动叉车与内燃叉车在总体结构上的异同	30	错一项扣5分		
训练二	掌握蓄电池的使用与保护，能进行简单的使用操作	30	错一项扣5分		
训练三	能根据不同工作环境选择适用的叉车	40	每一设计环境下选择错误扣10分		

拓展提升

设计不同的货物装卸、搬运工作环境，通过对内燃叉车与电动叉车的选择使用，提高学生对叉车总体结构的认识。

（1）室内工作环境。

（2）搬运距离较长的工作环境。

（3）易燃物品仓库工作环境。

（4）需搬运较重货物的工作环境。

（5）货物搬运所经路段坡度较大的工作环境。

（6）货物搬运所经路段路面崎岖不平的工作环境。

（7）对空气洁净度要求较高的工作环境。

（8）冷冻仓库工作环境。

根据以上8种各异的工作环境，在内燃叉车与电动叉车之间做出准确的选择。

项目内容

项目四　叉车驾驶基本操作规范及安全防范

叉车的安全操作主要指叉车的安全驾驶、安全作业以及对叉车的安全防范三个方面，从叉车使用中造成的事故来看，它一般涉及人（驾驶员、装卸工、行人）、车（双方车辆）、道路环境以及三者的综合因素。一般情况下，叉车驾驶员是造成事故的重要原因。因此，一名叉车驾驶员掌握基本的操作规范，并且形成高度的安全防范意识是非常重要的。

任务一　熟悉叉车驾驶员的素质与职业道德

任务目标

知识目标

1. 了解素质和职业素质的含义
2. 熟悉叉车驾驶员职业素质的内容
3. 了解道德和职业道德的含义
4. 熟悉叉车驾驶员职业道德的内容

能力目标

1. 了解自己与优秀叉车驾驶员的职业差距，并努力使自己成为一名优秀的叉车驾驶员
2. 注重职业道德的养成，使自己成为一个德才兼备的叉车驾驶员

任务描述

近年来，随着我国物流业的发展，叉车驾驶员的市场需求旺盛，叉车驾驶员的薪酬也水涨船高。作为某中职学校的学生，如果毕业后想成为一名合格的叉车驾驶员，首先应该了解在企业中一名优秀的叉车驾驶员应该具备什么样的职业素质和职业道德，并以此为参照，不断修炼自己，这样毕业后才能获得企业的青睐。

任务准备

1. 通过浏览人才招聘网站，了解当前社会、企业对叉车驾驶员有什么样的要求。

2. 通过上网或到图书馆查阅资料，了解职业素质和职业道德对一个人职业生涯会产生何种影响。

任务实施

步骤一：了解素质和职业素质的含义

素质又称能力、资质、才干等，是驱动员工产生优秀工作绩效的各种个性特征的集合，它反映的是通过不同方式表现出来的员工的知识、技能、个性与驱动力等。素

质是判断一个人能否胜任某项工作的起点，是决定并区别绩效差异的个人特征。

职业素质（Professional Quality）是劳动者对社会职业了解与适应能力的一种综合体现，其主要表现在职业兴趣、职业能力、职业个性及职业情况等方面。影响和制约职业素质的因素很多，主要包括：受教育程度、实践经验、社会环境、工作经历以及自身的一些基本情况（如身体状况等）。

步骤二：了解道德和职业道德的含义

道德（Ethics）是社会学意义上的一个基本概念。不同的社会制度、不同的社会阶层都有不同的道德标准。所谓道德，就是由一定社会的经济基础所决定，以善恶为评价标准，以法律为保障并依靠社会舆论和人们内心信念来维系的，调整人与人、人与社会及社会各成员之间关系的行为规范的总和。

职业道德（Professional Ethics）是一般道德在职业行为中的反映，是社会分工的产物。所谓职业道德，就是人们在进行职业活动过程中，一切符合职业要求的心理意识、行为准则和行为规范的总和。它是一种内在的、非强制性的约束机制，是用来调整职业个人、职业主体和社会成员之间关系的行为准则和行为规范。

步骤三：了解叉车驾驶员职业素质和职业道德

叉车驾驶员的工作对社会所承担的责任有一定的特殊性。叉车驾驶员在工作中任何一个疏忽、一个操作失误都将给社会带来危害，给国家、集体财产和人民生命安全造成重大的损失。叉车驾驶员必须对自己职业的重要性有足够的认识，不断地提高自己的政治思想素质、文化专业素质、心理素质和身体素质，自觉地遵守职业道德规范和约束自己的行为，促使高尚的社会主义道德风尚得以发扬光大。我国职业道德的基本原则结合叉车驾驶员职业本身的特征，就形成了叉车驾驶员的职业道德，包括以下几个方面。

1. 熟悉叉车性能，操作技术过硬，确保作业安全

叉车驾驶员一要必须熟悉车辆上各种安全装置的用途，并正确使用；二要操作技术过硬，在运输、装卸作业中动作要熟练，操作不失误；三要在复杂的情况下能正确判断和预防事故，做到防患于未然。

2. 遵守劳动纪律，维护生产秩序，有高度的组织观念

遵守劳动纪律首先要遵守规定的劳动时间，不迟到，不早退，不脱岗，有事要请假。遵守劳动纪律还要求做到服从分配，听从指挥和调配，工作时间绝对不能饮酒等，这些都是叉车驾驶员职业特点的客观要求。遵守劳动纪律还表现在

遵守安全生产的各项规章制度方面。企业内各工种的安全操作规程，既具有科学依据，又是生产经验和血的教训的总结，因此无论是新职工还是经验丰富的老师傅，都必须严格遵守。任何麻痹大意、违章违纪行为，都可能导致事故的发生。

3. 养成良好的行为规范和操作规范

叉车驾驶员不按照安全操作规范进行操作是造成事故的重要原因，因此养成良好的行为规范和操作规范非常重要，而且非常必要。养成良好的行为规范和操作规范不仅是出于安全方面的考虑，同时也关系到企业的外在形象。叉车驾驶员的行为代表着公司的形象，在某种程度上影响和制约着公司的发展，因此应该大力倡导良好的行为习惯。

4. 具有高效的团队精神

团队精神是现代物流企业，特别是大型企业的力量所在。物流企业的基本要求是大型化，否则难以在市场竞争中生存。而这点也就要求叉车驾驶员要有高效的团队精神。

5. 具有持续的竞争能力

叉车驾驶员职业要求叉车驾驶员具备高超的驾驶技术和复杂作业能力，而且现在叉车的更新换代越来越快，为了保持职业的竞争力，叉车驾驶员需要不断更新自己的知识。

应用训练

训　练：全班分组讨论自己与优秀叉车驾驶员的差距，以及如何弥补这些差距。（提示：①可以用SWOT法进行自我分析；②企业叉车驾驶员具备哪些特点；③弥补差距的方法要切实可行。）

任务评价

项　目	分值/分	自我评价（30%）	他组评价（40%）	教师评价（30%）	得　分
SWOT自我分析	20				
叉车驾驶员特点	30				
弥补差距方法	30				
语言表达	20				
合计	100				

拓展提升

怎样才能成为一名优秀的叉车驾驶员呢？以下几个职场建议，希望对大家有所启迪：

（1）不怕起点低，就怕境界低。

（2）学会承受，方能走向成熟。

（3）没有完美的个人，只有完美的团队。

（4）不为失败找借口，只为成功找方法。

（5）既要勤奋工作，又要善于思考。

（6）工作就是愉快的带薪学习。

（7）把职业当成事业。

任务二　识别叉车操纵机构及仪表

任务目标

认识叉车主要操作装置及功能（微课）

知识目标

1. 熟悉电动叉车的操纵机构和仪表
2. 熟悉内燃叉车的操纵机构和仪表

能力目标

1. 能够熟练地控制电动叉车的操纵机构，并识别仪表
2. 能够熟练地控制内燃叉车的操纵机构，并识别仪表

任务描述

一名合格的叉车驾驶员首先要能正确地驾驶叉车，否则一切都是纸上谈兵。所谓正确驾驶叉车，就是在充分了解叉车操纵机构、仪表作用和使用方法的基础上，通过驾车作业实践，能在各种运行条件下正确而熟练地综合运用这些操纵机构，并善于总结经验，精益求精。只有这样，才能不断提高驾驶操作技术，充分发挥叉车效能，减少机件磨损，延长叉车的使用寿命，安全、优质、低耗地完成装卸

运输作业任务。那么叉车的操纵机构指的是什么呢？如何识别叉车的仪表呢？接下来，我们一起认识一下叉车的操纵机构和仪表。

任务准备

1. 准备电动叉车和内燃叉车各一辆。
2. 准备电动叉车和内燃叉车操纵机构及仪表挂图各一份。

任务实施

步骤一：认识电动叉车的操纵机构

电动叉车的操纵机构主要包括方向盘、加速踏板、制动踏板、驻车制动操纵手柄、升降操纵杆、倾斜操纵杆、方向盘倾角调整杆、换向操纵杆等。图4-1是龙工LG16B电动叉车操纵机构示意图。

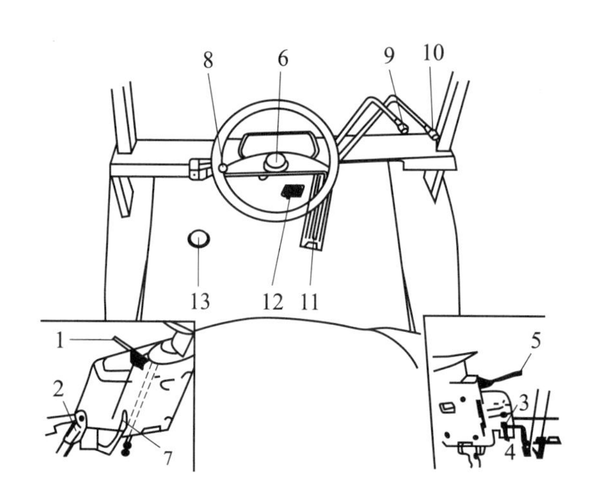

图4-1 龙工LG16B电动叉车操纵机构图

1—换向操纵杆 2—驻车制动操纵手柄 3—灯光开关 4—钥匙开关 5—转向灯开关 6—喇叭按钮 7—方向盘倾角调整杆 8—方向盘 9—升降操纵杆 10—倾斜操纵杆 11—加速踏板 12—制动踏板 13—脚喇叭开关

步骤二：学习控制电动叉车的操纵机构

此处以龙工LG16B电动叉车为例，说明如何控制电动叉车的操纵机构。

1. 钥匙开关[4]

钥匙开关有“开/关”两个位置，先将转向操纵杆置于空挡位置，放松加速踏板，然后将钥匙顺时针转到“开”的位置。

2. 喇叭按钮[6]

按下方向盘中心的喇叭按钮，喇叭就会响，起动钥匙即使在“关”的位置上喇叭也会响。

3. 转向灯开关[5]

指明叉车转弯方向，当叉车准备转弯时操纵转向灯开关，转向灯会闪烁。

4. 灯光开关[3]

灯光开关为拉拔式灯光开关。叉车灯包括前照灯、前组合灯、后组合灯。前组合灯包括转向信号灯和示宽灯。后组合灯包括转向信号灯、示宽灯、制动灯和倒车灯。将拉拔式灯光开关拉出一半，示宽灯会亮；将灯光开关全部拉出时，示宽灯、前照灯均亮；将灯光开关全部推回，示宽灯、前照灯均灭。

5. 方向盘[8]

方向盘向右边旋转，叉车将向右转；方向盘向左边旋转，叉车向左转。叉车的后部能向外摆动。

叉车采用全液压转向，因此当转向电动机停止运转时，转向就会很困难。要再次转向，就必须立刻起动转向电动机。

6. 升降操纵杆[9]

前后推拉此操纵杆，货叉就能下降上升。起升速度由手柄后倾角度控制。下降速度由手柄前倾角度控制。

7. 倾斜操纵杆[10]

门架倾斜可通过前后推拉倾斜操纵杆得以实现。向前推该操纵杆使门架前倾；向后拉该手柄使门架后倾。倾斜速度决定于手柄的倾斜角度。多路阀带有前倾自锁阀，在电路切断时，即使前推倾斜操纵杆，也不能使门架前倾。

8. 驻车制动操纵手柄[2]

停车制动时，通过后拉这个手柄作用在前轮上，使制动器产生制动力。要松开制动，前推手柄即可。驻车制动左侧装有微动开关，拉紧手柄可使运行无效。

9. 换向操纵杆[1]

换向操纵杆用来切换叉车的前进和倒车方向。当换向操纵杆向前推并且踩下

加速踏板时，叉车向前运行；当换向操纵杆向后时，则叉车向后退行。转向电动机有延时关断功能。

转向电动机停止工作后，只有换向操纵杆在前进或后退位置且踩下加速踏板时，才能使转向电动机重新工作。

如果换向操纵杆不在中位或加速踏板已经踩下，钥匙开关转到“开”位置，也不会使叉车运行。在这种情况下，应将换向操纵杆恢复到中位，且将脚移开加速踏板，这样叉车才可起动运行。

10. 加速踏板[11]

慢慢踩下加速踏板，运行电动机开始运转，叉车开始起动。根据踏板上的踏力，可使运行速度实现无级调节。

打开钥匙开关前，不要踩加速踏板，否则仪表显示器会显示故障。

11. 制动踏板[12]

踩下制动踏板，叉车将减速或停止，同时制动灯亮。切勿同时踩下加速踏板和制动踏板，否则会损坏电动机。

步骤三：识别电动叉车的仪表

以下以龙工LG16B电动叉车的仪表为例，进行电动叉车的仪表说明。龙工LG16B电动叉车的仪表为CYPE系列仪表，此仪表是与DQKC-025-032电控总成配套使用的组合仪表，它的控制功能由单片机实现，分为主控制板和继电器板两部分，装配在仪表的壳体内，主要实现辅助控制功能以及提供驾驶员车辆工况显示界面，如图4–2所示。它由电池电量表、小时计及11只指示灯组成。电池电量表显示蓄电池电量状态，具有超下限报警功能；小时计显示运行时间累计值；11只指示灯分别是仪表电源指示、故障指示、电池状态指示、驻车制动状态指示、前进状态指示、后退状态指示、空挡状态指示、左转向指示、右转向指示、前照灯指示和示宽灯指示，如图4–3所示。驻车制动状态指示、故障指示、空挡状态指示为红色，其他均为绿色。

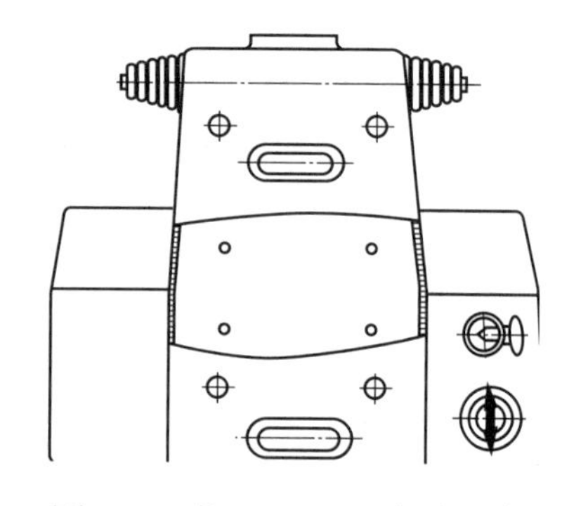

图4–2　龙工LG16B电动叉车仪表外形图

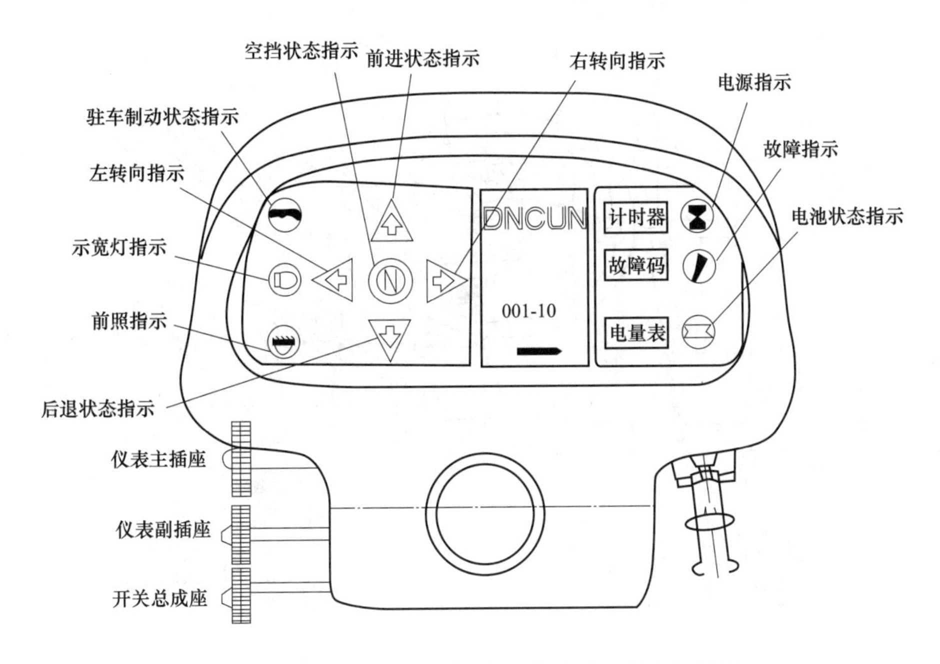

图4–3　龙工LG16B电动叉车仪表面板布置图

1. 电池电量表

电池电量表采用十个横条LED显示，蓄电池电量低于下限值时最下面的两个横条交替闪烁，且电池状态指示灯熄灭。由于LG16B电动叉车电量表没有记忆功能，若断电10min以上再通电，它会以第一格重新显示。

2. 小时计

小时计计数范围为0～99 999.9h。

3. 故障码种类

可显示16种故障码，有故障时故障指示灯亮。

4. 仪表供电电压

电池电量表要求48V直流电，仪表机芯要求12V直流电。用48V蓄电池组供给48V直流电。允许电池电压范围为40～56V。

步骤四：认识内燃平衡重式叉车的操纵机构

内燃平衡重式叉车的操纵机构主要包括方向盘、加速踏板、离合器踏板、驻车制动操纵手柄、升降操纵杆、倾斜操纵杆、方向盘倾角调整杆、换向操纵杆等组成。图4–4是杭州内燃平衡重式叉车机械传动式操纵机构示意图。

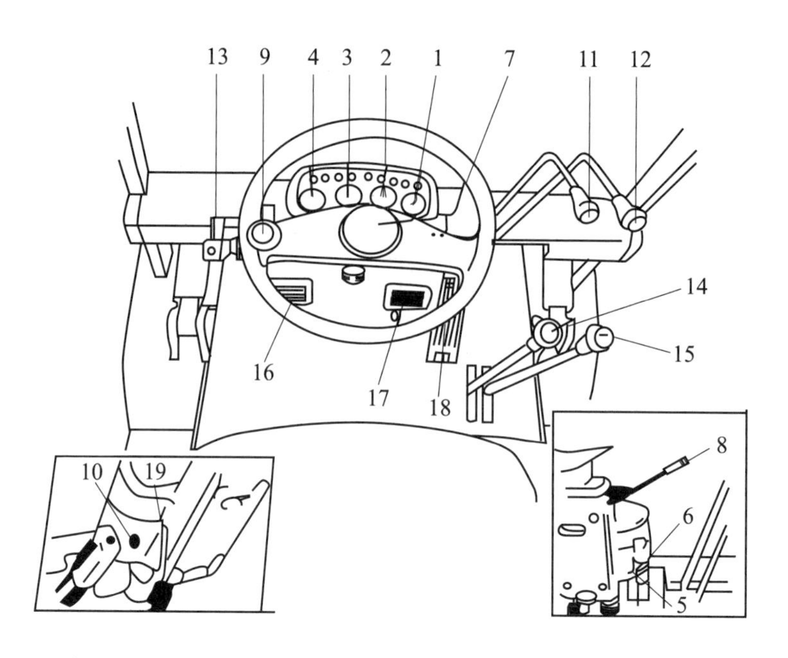

图4-4　杭州内燃平衡重式叉车机械传动式操纵机构示意图

1—计时表　2—液力传动油温表　3—发动机水温表　4—燃油表　5—钥匙开关　6—灯光开关　7—喇叭按钮　8—转向灯开关　9—方向盘　10—检查开关　11—升降操纵杆　12—倾斜操纵杆　13—驻车制动操纵手柄　14—换向操纵杆（机械式）　15—变速杆　16—离合器踏板（机械式）　17—制动踏板　18—加速踏板　19—方向盘倾角调整杆

步骤五：学习控制内燃平衡重式叉车的操纵机构

1. 钥匙开关[5]

OFF：这是钥匙插入拔出的位置，在该位置时停机。

ON：起动钥匙位于“ON”时，电路接通，发动机起动后，钥匙就留在该位置。

START：钥匙位于“START”位置时，发动机起动；起动后，一松手钥匙在回弹力的作用下自动回到“ON”位置。

注意

1. 发动机停止时，请勿将钥匙置于“ON”位置，以免造成蓄电池放电。

2. 发动机运转时，请勿将钥匙转到“START”位置，以免造成发动机损坏。

3. 起动发动机不可连续旋转5s以上，两次起动应间隔120s。

4. 当变速杆不在空挡位置时，不能起动发动机。

起动时，钥匙置于“ON”位置，预热指示灯（D）点亮；当灯灭了以后，钥匙转到“START”位置起动。

2. 灯光开关[6]

这种开关是推拉式二挡开关。

3. 喇叭按钮[7]

按下方向盘中心的喇叭按钮，喇叭会响。

4. 转向灯开关[8]

转向灯开关位于转向管柱右侧，转弯时拨动此开关，R—右转向灯，N—中位，L—左转向灯。

转向灯开关不能自动回到中位，需手动复位。

5. 方向盘[9]

方向盘向右边旋转，叉车向右转；方向盘向左边旋转，叉车向左转。叉车的后部能向外摆动。叉车采用全液压转向，因此当发动机熄火时，转向就很困难。如要再次转向，必须立刻起动发动机。

6. 升降操纵杆[11]

前后推拉此手柄，货叉就能下降、上升。起升速度由手柄后倾斜角度和加速踏板控制。下降速度仅由手柄前倾角度控制，与油门无关。

7. 倾斜操纵杆[12]

门架倾斜可通过前后推拉倾斜手柄得以实现。向前推该手柄使门架前倾；向后拉该手柄使门架后倾。倾斜速度决定于手柄的倾斜角度与油门控制。多路阀带有前倾自锁阀，在发动机熄火时，即使前推倾斜手柄，也不能使门架前倾。

8. 驻车制动操纵手柄[13]

停车制动时，通过后拉驻车制动操纵手柄作用在前轮上，使制动器产生制动力。要松开制动，前推手柄即可。

9. 变速杆[15]

F—前进　N—空挡　R—倒车。1—低速　N—空挡　2—高速。

机械变速器为前进两挡、后退两挡。换挡前一定要完全踩下离合器踏板。换向时必须停车。后退时，倒车灯会亮。

10. 换向操纵杆[14]

F—前进　N—空挡　R—倒车。

液力传动叉车为前进一挡、后退一挡。换向时，车辆一定要停下。后退时，倒车灯亮。液力传动叉车设置了零档开关，起动前必须将换向操纵杆置于空挡位。

11. 离合器踏板[16]

踩下离合器踏板，发动机与变速器分离；松开离合器踏板，来自发动机的动力通过离合器传递给变速器。不允许离合器处于半离合状态下运行叉车。

12. 制动踏板[17]

踩下制动踏板，叉车将被减速或停止，同时制动灯亮。应尽量避免急刹车，以防止车辆倾翻。

13. 加速踏板[18]

踩下加速踏板，发动机转速上升，车辆运行速度加快；松开加速踏板，发动机转速下降，车辆运行速度下降。

步骤六：识别内燃平衡重式叉车的仪表（见图4–5）

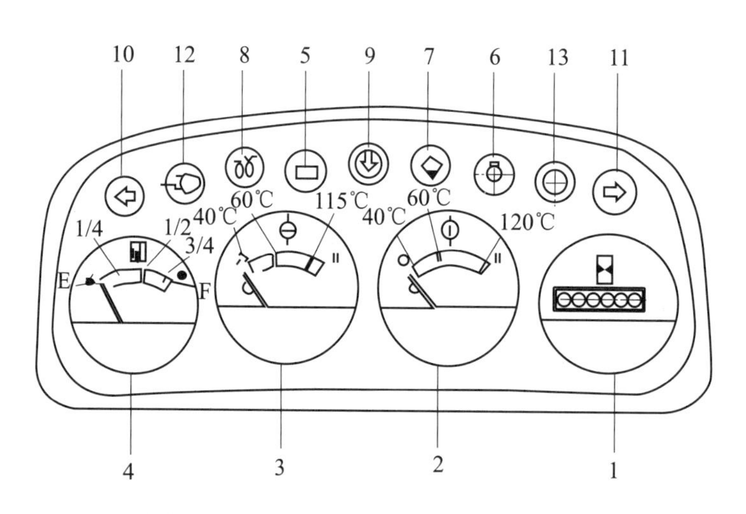

图4–5　杭州内燃平衡重式叉车仪表图

1—计时表　2—液力传动油温表　3—发动机水温表　4—燃油表　5—充电指示灯　6—油压报警灯　7—油水分离器指示灯　8—预热指示灯　9—空气滤清器指示灯（选用）　10—左转指示灯　11—右转指示灯　12—远光指示灯　13—滤油器指示灯

1. 计时表[1]

记录叉车的运行时间，以此作为定期检查与维修的依据。

2. 液力传动油温表[2]（仅液力车）

显示液力传动油油温，在正常情况下，指针在绿色范围内。

注意

如果指针指在红色范围内，应立刻停止作业，降低发动机速度以冷却，直到指针指向正常范围为止。

3. 发动机水温表[3]

显示发动机的冷却水温度，在正常情况下，指针在60～115℃范围内。

注意

指针在红色区域内，应立即停止作业，使发动机降低速度以冷却，直至指针回到白色区域为止。

4. 燃油表[4]

显示燃油箱内的燃油量，指针指在刻度表的左侧表示油箱空了，在刻度表1/4处表示剩余1/4油量，3/4处表示剩余3/4油量，右边终点表示满箱油。

注意

每天（或每班次）结束后加油，这种作业法有助于降低油箱内水分的冷凝。

5. 充电指示灯[5]

此灯显示蓄电池充电状态，起动开关置于“ON”位置时灯亮，发动机起动后此灯熄灭。

注意

在运转过程中如果充电指示灯继续点亮或闪烁，那么说明充电不正常，需要立即检查。

6. 油压报警灯[6]

此灯指示发动机润滑的压力状态，起动开关置于“ON”位置时灯亮，但发动机起动后灯熄灭。

注意

在运转过程中，如果灯继续点亮或闪烁，说明机油压力小于0.05MPa，需要立刻检查。

7. 油水分离器指示灯[7]

发动机运转时，当水的沉淀达到一定量后灯亮。在通常情况下，当起动开关置于“ON”位置时灯亮，但当发动机起动后此灯熄灭。如果发动机运转过程中，灯继续点亮或闪烁，应立刻关机排水。

注意

如果灯亮时继续操作，燃油喷射泵就有可能损坏。

8. 预热指示灯[8]

当把开关置于“ON”位置时，预热指示灯点亮；灯灭后就可以把开关置于“START”位置上起动发动机了。

9. 空气滤清器指示灯[9]

该灯指示空气滤清器滤芯堵塞情况，灯亮时必须清理或更换滤芯。

10. 左转指示灯[10]

左转向灯亮，此指示灯亮。

11. 右转指示灯[11]

右转向灯亮，此指示灯亮。

12. 远光指示灯[12]

远光灯亮，此指示灯亮。

13. 滤油器指示灯[13]

该灯指示滤油器工作情况，灯亮时需清理滤油器。

应用训练

训练一：学生根据图4–6所示电动叉车操纵机构图，填写表4–1。

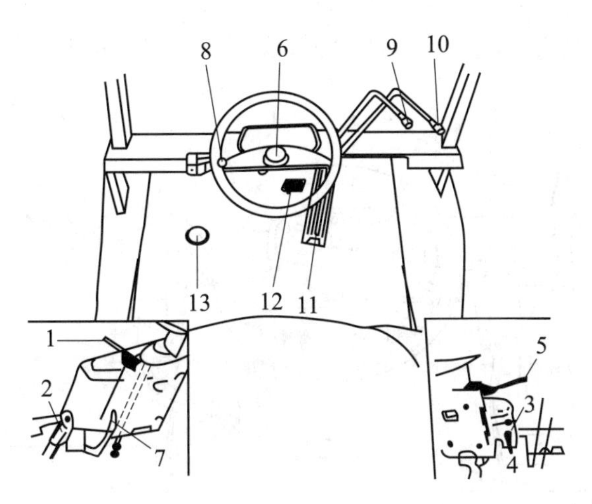

图4-6　电动叉车操纵机构图

表4-1　电动叉车操纵机构代码表

1.	6.	11.
2.	7.	12.
3.	8.	13.
4.	9.	
5.	10.	

训练二：学生根据图4-7所示电动叉车仪表图，填写表4-2。

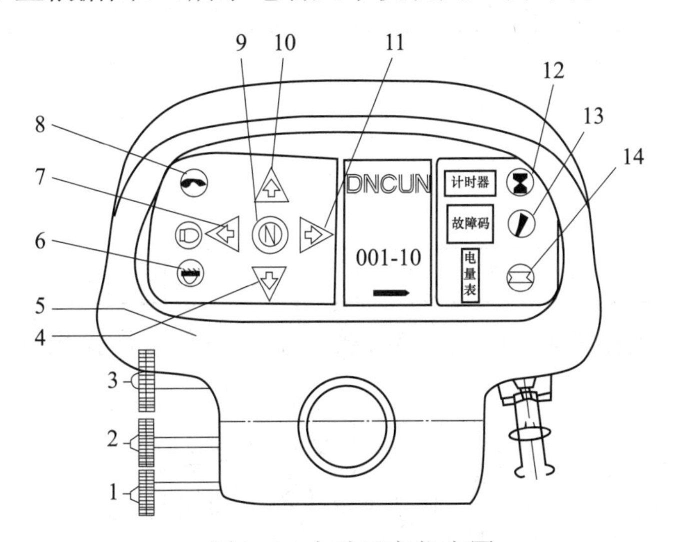

图4-7　电动叉车仪表图

表4-2　电动叉车仪表代码表

1.	6.	11.
2.	7.	12.
3.	8.	13.
4.	9.	14.
5.	10.	

训练三：学生根据图4-8所示内燃平衡重式叉车操纵机构图，填写表4-3。

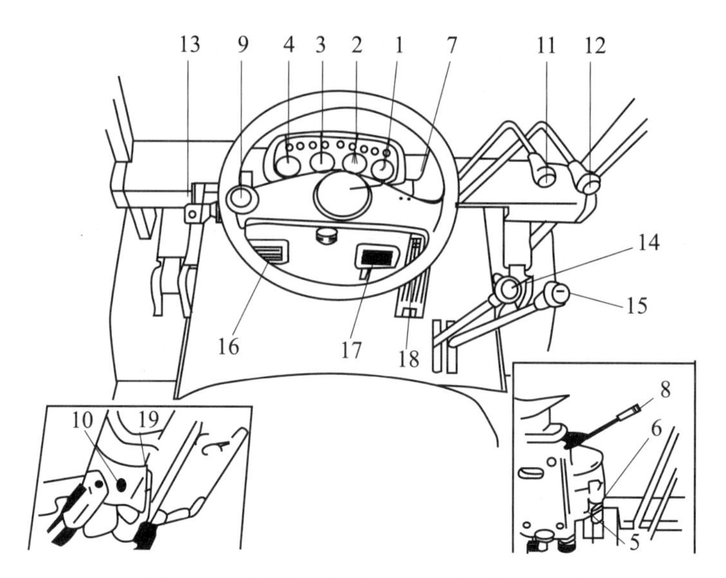

图4-8 内燃平衡重式叉车操纵机构图

表4-3 内燃平衡重式叉车操纵机构图代码表

1.	8.	15.
2.	9.	16.
3.	10.	17.
4.	11.	18.
5.	12.	19.
6.	13.	
7.	14.	

训练四：学生根据图4-9所示内燃平衡重式叉车仪表图，填写表4-4。

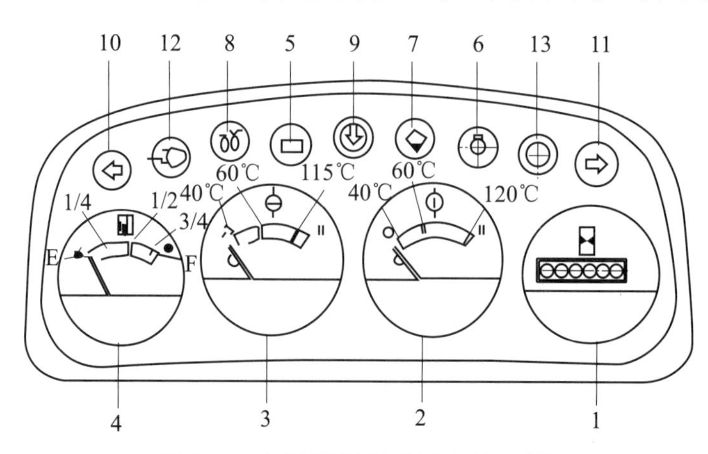

图4-9 内燃平衡重式叉车仪表图

表4-4　内燃平衡重式叉车仪表代码表

1.	6.	11.
2.	7.	12.
3.	8.	13.
4.	9.	
5.	10.	

训练五：学生分组实地观看电动叉车和内燃平衡重式叉车的操纵机构和仪表，并撰写观察实训报告。

任务评价

项　目	配　分	评分标准	得　分	总　分
训练一	13	填写表格，每空1分		
训练二	14			
训练三	20			
训练四	14			
训练五	39	实地观看后撰写实训报告		

拓展提升

一、龙工LG16B电动叉车仪表故障码（见表4-5）

表4-5　龙工LG16B电动叉车仪表故障码

LED码	故障代码	故障现象
0，1		无故障
LED暗	01	控制器没有电源或控制器故障
全亮	02	控制器故障
1，2	03	硬件保护故障，M-对地短路，励磁绕组开路
1，3	04	电枢或励磁电流传感器故障，加速器信号故障
1，4	05	未用
2，1	06	加速器低端故障
2，2	07	操作顺序（SRO）故障
2，3	08	高踏板禁止（HPD）故障
2，4	09	紧急反向线接故障
3，1	10	接触器驱动器输出过流
3，2	11	主接触器粘连
3，3	12	预充电出现故障
3，4	13	接触器线包未接好，主接触器闭合
4，1	14	电池电压过低
4，2	15	电池电压过高
4，3	16	控制器过热或过冷故障

二、龙工LG16B电动叉车仪表端口（线色仅供参考，见表4-6）

表4-6　龙工LG16B电动叉车仪表端口

端口序号	功　　能	线　　色
1	仪表12V入	红
2	驻车制动开关入	白黄
3	前进挡	黄
4	后退挡	紫
5	起升控制信号输出	蓝黑
6	故障码1输入	棕
7	故障码2输入	绿红
8	负	黑
9	右转向灯开关	绿
10	左转向灯开关	白
11	灯光开关Ⅱ挡	黄红
12	灯光开关Ⅰ挡	红
13	电源入	红黑
14	电源出	橙
15	欠压继电器公用端	绿白
16	欠压继电器常开端	蓝黑
17	倒车蜂鸣器输出	黄黑
18	灯光开关12V	棕
19	灯光开关Ⅰ挡	红白
20	灯光开关Ⅱ挡	红黄
21	钥匙开关入	黑白
22	钥匙开关出	红黑

任务三　领会叉车安全操作规范及注意事项

任务目标

知识目标

1. 掌握叉车安全操作规范
2. 熟悉叉车安全操作注意事项

叉车操作安全规范（微课）

能力目标

1. 在叉车操作中，能够严格按照安全操作规范进行操作
2. 在叉车操作中，能够遵守叉车安全操作注意事项，确保人车安全

任务描述

叉车不同于固定的机械设备，其工作环境是变化的，工作状况取决于驾驶员的即时操作，因此叉车作业的安全与否几乎尽在叉车驾驶员的手中脚下，这就对叉车驾驶员提出了比其他操作人员更高的安全技能要求。那么一名合格的叉车驾驶员应该掌握哪些叉车安全操作规范呢？叉车安全操作注意事项有哪些呢？

任务准备

为了完成上述操作，需准备至少两辆叉车，货物若干，托盘若干。

任务实施

步骤一：了解叉车的安全操作规范

1. 穿着规定

叉车驾驶员必须持证上岗，同时要穿工作服，戴安全帽、穿安全鞋。

2. 身体状况

叉车驾驶员在意识到自己因为疾病、疲劳或者其他身体原因有可能不能安全驾驶时，应该向部门负责人提出申请，让其他员工顶替。

3. 叉车起动前的检查

（1）内燃叉车起动前的检查项目。

1）检查地面有无新滴下的油迹，寻找漏油部位，根据渗漏情况确定可否运行或检修。

2）检查发动机的机油、冷却水、柴油、液压油、制动液是否足够，并注意油液的清洁度。

3）检查轮胎气压是否足够，磨损是否过量，轮辋有无裂纹，紧固螺栓是否紧固、齐全。

4）检查转向系统、制动系统静态下是否符合要求。

5）检查风扇叶片有无裂纹，传动带的紧度是否合适。

6）检查车灯（大小灯、转向灯和制动灯）、喇叭是否正常。

（2）电动叉车起动前检查项目涉及门架、前后轮胎、仪表。

4. 叉车的起步

（1）内燃叉车的起步流程。

1）左手扶安全把手，右手扶座椅，左脚蹬踏，正确系上安全带和佩戴安全帽。

2）起动发动机，中速空运转3～5min进行暖机，并检查机油压力是否正常，充电是否正常，将货叉升至距地面200～400mm，后倾门架，然后挂挡，鸣喇叭，松开驻车制动，平稳起步。

3）起步后应在平直无人的路面上试验转向与制动性能是否良好。

（2）电动叉车的起步流程。

1）左手扶安全把手，右手扶座椅，左脚蹬踏，正确系上安全带和佩戴安全帽。

2）合上电源总开关，闭合方向开关，鸣笛，松开驻车制动，将货叉升至距地面200～400mm，门架后仰，踩加速踏板，叉车起步。

5. 叉车的行驶

（1）厂内行驶必须遵守行车准则，自觉限速，一般按以下时速行驶：①平直、硬实、干燥清洁路面，路旁无堆放物、无岔道、无停放车辆，视线良好，不大于15km/h；②一般情况路面或拐弯时，仓库内行车道路较宽较长，视线良好，无行人处，不大于10km/h；③通道狭窄、人车混杂、视线不良、交叉路口、装卸作业地点及倒车时，不大于5km/h。

（2）叉车严禁载人行驶，严禁熄火滑行、空挡滑行或踩下离合器滑行。

（3）上、下坡应提前调低档位，上坡不得置于空挡位。

（4）行驶过程中要集中精力，谨慎驾驶，保持安全时速。要时刻注意行人和车辆的动态，保持与其他车辆或行人的横向安全距离和纵向安全距离，提防行人或车辆突然横穿道路。

（5）夜间行驶尤其是会车时，驾驶人员应降速行驶。

（6）在雨天、钢板上或沾油路面上行驶时，要提前减速，稳速行驶，不得紧急制动或急打方向。

（7）通过狭窄或低矮的地方时，谨慎通过，必要时应有专人指挥，不得盲目甚至强行通过。

（8）应注意车轮不得碾压垫木等物品，以免碾压物蹦起伤人。

（9）不在坡道上做横向行驶、转弯或进行装卸作业。

6. 叉车的转弯与倒车

（1）转弯时应提前打开转向指示灯，减速、鸣喇叭、靠右行。注意转向轮外侧后方的行人或物品是否在危险区域内。

（2）转弯时必须严格控制车速，严禁急打方向。

（3）倒车前应先仔细观察四周和后方的情况，确认安全后鸣喇叭缓慢倒车。

（4）倒车时方向盘的操作与前进时恰好相反，而且视线受到体位限制，感觉能力削弱，所以倒车更要谨慎操作。

7. 叉车的停放

（1）内燃叉车规范停车流程：①减速，踩下制动踏板（机械式叉车离合器踏板也要同时踩下）；②门架回位；③车轮回正；④拉紧驻车制动；⑤变速杆置于空挡位；⑥钥匙开关处于“OFF”位置，关掉发动机；⑦柴油叉车拉出发动机熄火拉杆；⑧拔掉钥匙，规范下车。

（2）电动叉车规范停车流程：①减速停车；②门架回位；③车轮回正；④拉紧驻车制动；⑤方向开关回位；⑥关闭电锁；⑦切断总电源；⑧拔掉钥匙，规范下车。

8. 装卸、堆垛的安全规范

（1）货物重心在规定的载荷中心，不得超过额定的起重量，如货物重心改变，其起重量应符合车上起重量负载曲线标牌上的规定。

（2）应根据货物大小调整货叉间距，使货物的重心在叉车纵轴线上。

（3）货叉接近或撤离货物时车速应缓慢平稳；装卸货物时，应该严格按照八步法操作。取货八步法为：驶进货位，垂直门架，调整叉高，进叉取货，微提货叉，后倾门架，驶离货位，调整叉高进行叉取货物。卸货八步法为：驶进货位，垂直门架，调整叉高，进车对位，落叉卸货，退车抽叉，后倾门架，调整叉高进行卸载货物。

（4）叉车停稳，置于空挡位，拉紧驻车制动后方可进行装卸，作业时货叉附近不得有人，一般情况下货叉不得做可升降的检修平台。

（5）货叉悬空时发动机不得熄火，驾驶员不得离开驾驶座，并阻止行人从货叉架下通过。

（6）当搬运的大件货物挡住驾驶员视线时，叉车应倒退低速行驶。

（7）不得单叉作业。

（8）不得利用制动惯性溜放货物。

（9）不得在斜坡上进行装卸作业。

（10）叉车行驶过程中不能升降货叉，升降货叉时必须置于空挡位、踩制动踏板。

9. 叉车的消防

（1）叉车着火的主要原因多为叉车上的可燃物（柴油、润滑油、橡胶制品等）在空气中遇到火源（如电焊、气割、吸烟、电线老化搭铁及线路接触不良产生的电火花等）会引起燃烧。

（2）叉车着火的预防。

1）加注燃油时须将发动机熄火，并禁止烟火。

2）检修叉车时不准用火柴、打火机等明火照明。

3）对叉车进行电焊、气割作业时，应视具体情况拆下或保护好燃油等，并将焊接处及旁边的油污清除干净，旁边应备有必要的灭火器。

4）不得任意加大熔丝的规格或用其他金属丝代替熔丝。

5）不得用短路的方法进行划火试线或检验蓄电池的电压。

6）及时排除燃油滴漏、电线（包括充电用的电线）老化破皮以及电线固定不牢受到挤压、摩擦等隐患。

（3）叉车着火时的扑救。万一叉车失火，应尽量将叉车开到安全空旷处，将发动机熄灭，拉断电源总开关，关闭百叶窗，使用ABC干粉灭火器，也可以使用砂土、浸水的麻袋及衣服进行覆盖灭火。但首先要保证个人的安全。

步骤二：了解叉车安全操作的注意事项

为确保人身设备安全，叉车学员在叉车操作过程中应遵守下列注意事项：

（1）只有经过培训并在持有驾驶执照的叉车教练指导下才允许操作叉车。

（2）在开车前检查各种控制和警报装置，如发现损坏或有缺陷，应在修理后操作。

（3）检查护顶架、挡货架，如发现损坏或有缺陷时，应及时修理或更换。

（4）叉车运行时切勿上下，上下叉车时请用叉车的安全踏板和安全扶手。

（5）坐稳后方可操作，起动前调整好座椅位置，方便手、脚操纵。

（6）座椅上配有安全带，起动前系好安全带，并戴好安全帽。

（7）在开电源时，勿踩下加速踏板或操作多路阀操纵杆；切勿同时踩下制动踏板和加速踏板，否则会损坏行走电动机。

（8）搬运时负荷不应超过规定值，货叉需全部插入货物下面，并使货物均匀地放在货叉上，不许用单个叉尖挑物。

（9）平稳地进行起步、转向、行驶、制动和停止，禁止紧急制动、急转弯，紧急制动有可能会导致车辆倾翻。

（10）装物行驶时，货叉距地面20～40cm，门架后倾；行驶过程中注意不要让货叉触及地面，以免弄坏叉尖和路面。

（11）坡道行驶应小心，在大于1/10的坡道上负载行驶时，上坡应向前行驶，下坡应后退行驶；上下坡忌转向；叉车在行驶时，请勿进行装卸作业。

（12）不准人站在货叉上，车上不准载人。

（13）不准人站在货叉下面或在叉下行走。

（14）不准从驾驶员座以外的位置上操纵车辆和属具。

（15）起升叉车时应注意防止货物掉落，必要时需采取防护措施。

（16）勿让叉车的电量耗尽至叉车不能移动时才进行充电，这样会使蓄电池寿命缩短。

（17）叉车蓄电池内部会产生爆炸性气体，绝对禁止火焰、火花接近蓄电池，绝对禁止吸烟，否则均有可能引起爆炸。

（18）叉车蓄电池带有高电压和能量，切勿使工具接近蓄电池两极，以免引起火花或短路。

（19）保持头、手、臂、腿和脚在车体轮廓内。

（20）离车时，将货叉下降着地，并将换向操纵杆置于空挡位，断开电源，拉紧驻车制动。

（21）无论何时发生故障，必须将叉车停下，悬挂“危险”或“故障”标志于车上，并取下钥匙，同时报告教练。只有在故障排除后，才能使用叉车。

应用训练

训练一：全班分成4组，观看图片（见图4-10），分组讨论图片中的行为是否违反叉车安全操作规范，以及可能会带来什么样的不良后果。讨论结束后，每组指定1名代表上台发言。

操　作　1	操　作　2	操　作　3
操　作　4	操　作　5	操　作　6
操　作　7	操　作　8	操　作　9
操　作　10	操　作　11	操　作　12

图4–10　叉车操作

训练二：全班分成4组，其中两组操作时，另外两组担任评委，4组轮流完成电动叉车起动前的例行检查任务。

训练三：全班分成4组，其中两组操作时，另外两组担任评委，4组轮流完成电动叉车规范上车训练任务。

任务评价

项　目	配　分	评分标准	得　分	总　分
训练一	20	每组解释3个操作图示，能正确说出每个操作的不规范之处及可能产生的后果，则给20分		
训练二	40	少检查一项扣10分		
训练三	40	少做一项或者流程错误，扣10分		

拓展提升

一、叉车结构和稳定性

1. 叉车结构

叉车的前轮作为支点使叉车的重心和载荷的重心保持平衡，如图4–11所示。叉车的重心与载荷重心间的关系对保持叉车稳定是非常重要的。

图4–11　叉车的重心和载荷的重心

2. 载荷重心

叉车搬运的载荷形状各不相同，为了评估叉车的稳定性，区别不同形状载荷的重心位置非常重要。

3. 重心和稳定性

叉车的稳定性取决于叉车的组合重心。

当叉车空载时，重心保持不变；当叉车承载时，重心由叉车重心和载荷重心组合而成。

门架前倾或后倾、门架起升或下降会影响载荷重心，因此，也会影响组合重心。

叉车的组合重心由下列因素决定：

（1）载荷大小、重量和形状。

（2）起升高度。

（3）门架倾斜角度。

（4）轮胎充气压力。

（5）加速度、减速度和转弯半径。

（6）路面状况和路面倾角。

（7）属具形式。

4. 重心和稳定区域

为了使货叉稳定，组合重心必须位于由两个前轮轴与两个后轮轴重点组成的三角形内，如图4–12所示。

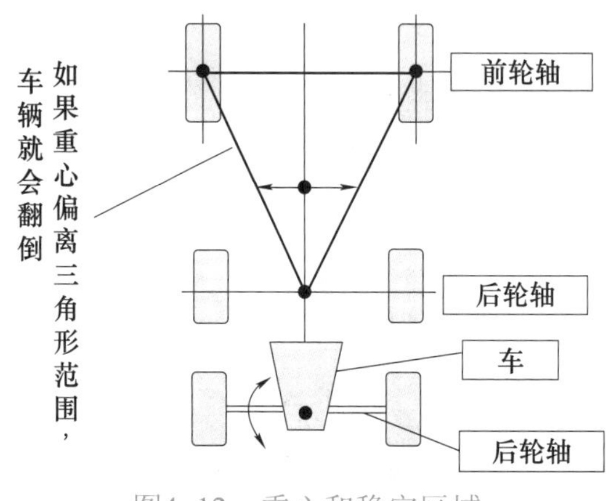

图4–12　重心和稳定区域

如果组合重心位于前桥，两个前轮胎会形成支点，叉车会向前倾翻。如果组合重心移出三角形，则叉车将向组合重心移出三角形的方向倾翻。

5. 最大起重量和载荷中心

货物重心与载荷中心处于同一铅垂线时，叉车所能装卸货物的最大重量称为叉车的最大起重量；标准载荷重心到货叉垂直段前壁的水平距离称为叉车的载荷中心。通常，载荷中心是按标准设计规定的，即不同起重量的叉车一般情况下载荷中心是不同的。当货物的重心在载荷中心范围内，叉车能以最大起重量进行装卸作业，否则叉车不稳定，易发生事故。

6. 承载能力图表

承载能力图表表示了载荷重心距的位置与最大载荷之间的关系。装载前，确保载荷和载荷重心距是在承载能力图表允许的范围内。如果载荷的形状复杂，则将最重部分的载荷处于货叉重心并靠近挡货架位置。

7. 速度和加速度

由于惯性，当叉车开始运行时，突然使用制动器是危险的，会使叉车倾翻或

载荷滑落。

当叉车转弯时会从转弯重心向外施加一个离心力。这个力向外推叉车并使之倾翻。叉车左右的稳定区域很小，因此转弯时必须减速以防止叉车倾翻。如果叉车搬运一个处于高位的载荷，整体重心位置较高，则叉车向前、向左或向右倾翻的可能性会加大。

二、叉车发生倾翻时的自我保护

在叉车的使用中发生行驶侧翻的频率是很高的。侧翻属于叉车装卸过程中的多发事故，客观原因是叉车转弯时的离心力作用，以及叉车在侧向斜坡上行驶时由于重力沿斜坡方向的分力作用等；主观原因是驾驶员没有严格按照规章制度的要求去操作。那么当事故发生时叉车驾驶员应当如何防止自身受到伤害呢？

（1）转向操作时，要严格控制车速。

（2）叉车发生侧翻时，踩制动只会加速叉车的侧翻。

（3）侧翻若已发生，驾驶员千万不能跳车。在叉车侧翻的过程中跳车逃生是非常危险的，尤其是向叉车侧翻的同方向跳。叉车倾翻时在安全带的保护下待在车上比跳车更能保护自己。如果叉车发生倾翻，应该握紧方向盘，身体向倾翻反方向弯靠且身体向前靠。

任务四　分析叉车事故原因及案例

任务目标

知识目标

1. 了解叉车发生安全事故的原因
2. 了解典型的叉车安全事故案例

> **小提示**
> 本节配有参考视频资源，详见本书教学资源包。

能力目标

1. 了解叉车安全事故原因，并能做到防微杜渐，防止事故发生
2. 了解典型的叉车安全事故案例，并能吸取其中的经验教训，确保作业安全

任务描述

作为一名叉车驾驶员，你知道哪些情况可能会造成叉车安全事故吗？你知道如何预防这些安全事故发生吗？如果你还不甚清楚，那么学习典型的叉车安全事故案例，将有助于你更好地了解事故的成因并吸取教训。

任务准备

课前通过上网或者到图书馆查找资料，了解叉车安全事故的主要原因，并尽可能多地搜集一些典型的叉车安全事故案例。

任务实施

步骤一：了解叉车发生安全事故的主要原因

（1）违章上岗，如无证驾车、酒后驾车、疲劳驾车等。

（2）违章行驶，如超速行驶、争道抢行、强行超车、野蛮装卸、不按道行驶、不主动避让行人和车辆、带人行驶等。

（3）起步前不认真了解叉车操作手册，运行中思想分散，又存在急于完成任务或图省事的不良心理活动。

（4）不认真保养、检查叉车，安全装置（转向、制动、喇叭、照明等）不齐全有效、燃油滴漏、轮胎过度磨损，叉车带故障运行。

（5）经过视线不良的区域（如通道狭窄、拐弯岔路、路旁障碍物等）时驾驶员盲目自信，不减速，无处理紧急情况的思想准备。

（6）下坡时，路滑处（雨天、路面沾水沾油、光滑地面、钢板上等）不减速，急打方向或紧急制动，引起侧滑甚至翻车。

（7）电线（包括充电用的电线）的老化破皮、固定不牢、搭铁、接触不良及人离开叉车时未切断电源总开关。

步骤二：学习典型的叉车安全事故案例

案例一：无证驾车酿悲剧

（1）事故状况。某公司，有位叉车驾驶员没来上班，空出来1辆叉车。某位无叉车驾驶证的员工根据自己的判断驾驶该车，装载着托盘行驶到转弯处，在急转弯时叉车翻倒。翻车的时候，该员工头部猛撞到护顶架的角钢上，随后又被甩到混凝土路面上，被压在叉车下面，当场死亡。

（2）事故原因。

1）无叉车驾驶资格，凭感觉开车，违反叉车安全操作规定。

2）驾驶叉车时，未佩戴安全帽，导致头部在翻车时受到重创。

3）叉车车速过快，拐弯时没有按规定减速，急转弯是导致叉车翻车的主因。

4）空车钥匙没拔下，令闲杂人等可以随意驾驶叉车，该公司管理上存在问题。

（3）事故对策。

1）叉车的小转弯机动性比轿车好，因此转弯时应降低速度。

2）必须持有叉车驾驶证方可驾驶叉车。

3）妥善管理叉车，叉车驾驶员离开叉车时务必要拔下钥匙。

案例二：违章驾驶代价高

（1）事故状况。某公司在正式作业开始之前，由于业务需要提前安排了一位叉车驾驶员进行一些临时作业，公司要求这位驾驶员将14个托盘（高1.95m）搬运到指定的工地。这位驾驶员当时为了省事，就用叉车一次性叉取了14个托盘，然后直奔目的地。虽然托盘过高，挡住视线，但是该驾驶员抱着一种侥幸心理，认为这个时间段工地应该没有人，结果车开不久，悲剧就发生了。由于视线不好，该驾驶员撞上了一个提前赶来工地的工人，受害人因出血过多，送医院后不治身亡。

（2）事故原因。

1）自认为工作场地内没人，在视野被挡住的情况下仍向前行驶。

2）未通知相关人员在正式作业前有临时作业，这个属于管理上的问题。

（3）事故对策。

1）装载货物导致不能确认前方视野时应倒退行驶。

2）不得在视野被遮挡的情况下行驶时，应安排引导员，建立完全的监视体制。

3）即使是临时作业，也应制订作业计划，并将作业内容详细通知相关人员。

案例三：超载作业，带人行驶，终酿悲剧

（1）事故状况。叉车叉起堆有货物的托盘（3.39t）欲行驶时，因货物超重，车体后部翘起。为了保持叉车平衡，附近的3名作业人员站到了车体后部。到达目的地叉车升起货物时，后部突然翘起，3人摔落。货物从叉车上落下，失去平衡的叉车左后轮压到1人的胸膛，造成该人员当场死亡。

（2）事故原因。

1）叉车装载超过额定负载。

2）叉车作业人员站在叉车座椅以外的部位。

（3）事故对策。

1）叉车上不能乘坐除驾驶员以外的人。

2）装载切勿超过额定负载。

3）不仅要对驾驶员，也要对相关工作人员进行安全教育。

案例四：没有蜂鸣器，倒车致人亡

（1）事故状况。某叉车驾驶员在倒退行驶时，发现有人靠近叉车。由于该叉车没有安装后视镜和倒车蜂鸣器，该驾驶员只能边留意此人边缓慢倒车。倒了一会儿后，此人的身影不见了。驾驶员以为此人已通过，便直接快速倒退行驶。谁知此时受害人正蹲着数板子的数量，结果受害人头部被夹在车辆后部和板子之间当场死亡。

（2）事故原因。

1）未安装后视镜及倒车蜂鸣器。

2）报警器发生故障。

3）驾驶员的安全确认不足。

（3）事故对策。

1）安装后视镜及倒车蜂鸣器。

2）坚持在开始作业前检查，维护不良部位。

3）驾驶员须充分确认行驶方向的安全。

4）步行者应迅速避让叉车。

应用训练

训练一：全班分组对以下案例进行分析，并派代表上台发言。

2004年12月7日，选煤厂跳汰机改造工程正如期进行。按照工作程序要求，跳汰机新旧机体的搬运任务由叉车（8t）驾驶员潘某带领机修工李某负责用叉车完成。上午11点05分左右，按预定安排，叉车驾驶员潘某在李某的配合下，将跳汰机一件新机体（重5.7t）运送至行车吊装口下方，以便新机安装。当叉车运行至离吊装口2m的一段斜坡路段时，由于重心不稳机体歪斜倒向一侧，机修工李某躲闪不及，被歪倒的工件挤断右臂，叉车车窗受损，前叉弯曲。

请同学们思考下造成这起事故的直接原因、主要原因、间接原因分别是什么，并为该厂制订防范措施。请将分析填写在表4–7中。

表4–7　叉车驾驶员岗位事故案例分析

直接原因	主要原因	间接原因
防范措施		

训练二：各组分别上网查找一个叉车安全事故的典型案例，描述事故状况、分析事故原因，并提出相应的防范措施。要求制作PPT，并派代表上台作汇报。

任务评价

项目	配分	说明	得分	总分
训练一	40	从参与讨论的积极性、语言表达、发言内容的深度和广度、沟通能力4个方面进行评判，每个方面10分		
训练二	60	从PPT制作、汇报情况、团队协作3个方面进行评判，每个方面20分		

拓展提升

叉车安全操作规程

叉车驾驶员除应熟悉叉车的性能结构外，还应掌握装卸工作的基本知识。

（1）在良好的路面上，叉车的额定起重量为2t，在较差的道路条件下作业，起重量应适当降低，并降低行驶速度。

（2）在装载货物时，应根据货物大小调整货叉的距离，货物的重量应由两货叉平均分担，以免偏载或开动后货物向一边滑脱。货叉插入货堆后，叉壁应与货物一面相接触，然后门架后倾，将货叉升起离地面20～40cm再行驶。

（3）严禁高速急转弯行驶，严禁高速起升或下降货物，起重架下绝对禁止有人。

（4）在超过7°的坡度上运载货物，应使货物在坡的上方。运载货物行驶时不得急刹车，以防货物滑出。在搬运大体积货物时，货物挡住视线，叉车应倒车低速行驶。

（5）严禁停车后让发动机空转而无人看管，更不允许将货物吊于空中而驾驶员离开驾驶位置。

（6）叉车在中途停车，发动机空转时应后倾收回门架，当发动机停车后应使滑架下落，并前倾使货叉着地。

（7）在工作过程中，如果发现可疑的噪声或不正常的现象，必须立即停车检查，及时采取措施加以排除，在没有排除故障前不得继续作业。

（8）工作一天后，应对燃油箱加油，这样不仅可以去除油箱内的潮气，而且能防止潮气在夜间凝成的水珠溶于油液中。

（9）未经公司主管人员同意，任何人不得动用叉车。为了提高叉车的使用寿命及防止意外事故的发生，保持叉车最佳运行状态和各零部件正常运转，在使用过程中必须对叉车进行严格的定期保养。

（10）每班出车前必须检查以下各处：

1）检查燃油储油量。

2）检查油管、水管、排气管及各附件有无渗漏现象。

3）检查工作油箱的容量是否达到规定的容量。

4）检查车轮螺栓紧固程度及各轮胎气压是否达到规定值。

5）检查转向及制动系统的灵活度和可靠性。

6）检查电气线路是否有搭铁现象，接头是否有松动现象，喇叭、转向灯、制动灯及各仪表工作是否正常。以上准备工作完成后，才能开始工作。

项目五　叉车驾驶

对于叉车驾驶，通常包括直线前进和后退、“8”字行进、侧方移位、带货绕桩、通道驾驶、场地综合驾驶等几项训练内容。

任务一　正确驾驶姿势及起步、停车

任务目标

叉车安全检查要点（微课）

叉车安全使用（微课）

知识目标

1. 掌握正确的驾驶姿势
2. 掌握正确的起步流程及操作要领
3. 掌握正确的停车流程及操作要领

能力目标

1. 驾驶叉车时，驾驶姿势正确
2. 能够熟练掌握叉车起步流程，并顺利起动叉车
3. 能够熟练掌握叉车停车流程，并顺利停车入库

正确驾驶姿势及起步停车训练（微课）

检查安全带（视频）

检查操纵杆（视频）

检查灯光（视频）

检查仪表（视频）

任务描述

叉车驾驶员按规范进行车检后上车，系好安全带、调整座椅后，按照规范起动叉车，并按照规范进行停车入库操作，然后规范下车。

任务准备

为了完成上述操作，需至少准备叉车一辆，秒表人手一个，训练评分表人手一份。

任务实施

步骤一：学习规范的上车动作及驾驶姿势

（1）上车动作。叉车驾驶员佩戴好安全帽，按规范巡检（电动叉车巡检项目为门架、操纵杆、安全带、灯光、前后轮胎、仪表）完后，左手扶安全扶手，右手扶座椅，左脚蹬踏安全踏板，坐上叉车驾驶座，正确系上安全带。

（2）驾驶姿势。叉车驾驶员左手握住方向盘，右手轻放在升降操纵杆和倾斜操纵杆上。上体要保持端正、自然，两眼注视驾驶方向道路情况。

步骤二：学习叉车的起步流程

起步是叉车驾驶最基本、使用频率最高的操作动作。起步直接影响到叉车的作业效率、货物的安全以及机械的使用寿命等。具体操作方法是：

1. 内燃叉车的起步流程

（1）起动发动机，中速空运转3～5min进行暖机，并检查机油压力是否正常，充电是否正常，将货叉升至距地面200～400mm，后倾门架，然后挂挡，鸣喇叭，松开驻车制动，平稳起步。

（2）起步后应在平直无人的路面上试验转向与制动性能是否良好。

2. 电动叉车的起步流程

合上电源总开关，闭合方向开关，鸣笛，松开驻车制动，将货叉升至距地面200～400mm，门架后仰，踩加速踏板，叉车起步。

步骤三：学习叉车的停车流程

1. 内燃叉车规范停车流程

减速，踩下制动踏板（机械式叉车离合器踏板也要同时踩下）；门架回位；车轮回正；拉紧驻车制动；变速杆置于空挡位；钥匙开关置于“OFF”位置，关掉发动机；柴油叉车拉出发动机熄火拉杆；拔掉钥匙，规范下车。

2. 电动叉车规范停车流程

减速停车；门架回位；车轮回正；拉紧驻车制动；方向开关回位；关闭电锁；切断总电源；拔掉钥匙，规范下车。

平稳停车的关键在于根据车速快慢，用适当、均匀的力度踏踩制动踏板，特别是当叉车将要停住时，要适当放松一下踏板，然后再稍加压力，叉车即可平稳停车。

应用训练

训练一：规范上车及驾驶姿势训练

（1）学员分组：根据学校车辆数，对学员进行分组。

（2）教练示范：教练或助教示范规范的上车动作及驾驶姿势。

（3）学员模仿：请个别学员进行操作，教练指出优缺点，其他学员观摩。

（4）分组对抗：学员分组进行对抗训练，并记录本组其他学员的操作时间和操作失误，见表5-1。

（5）教练评价：教练观察学员操作，及时修正学员的操作失误，强调操作要领。

表5-1　规范上车及驾驶姿势训练情况登记表

序　号	姓　名	操作时间	操作失误
1		分　秒	
2		分　秒	
3		分　秒	
4		分　秒	
5		分　秒	
6		分　秒	
7		分　秒	
8		分　秒	
9		分　秒	
10		分　秒	
11		分　秒	
12		分　秒	
13		分　秒	
14		分　秒	
15		分　秒	

训练二：电动叉车起步流程训练

（1）教练示范：教练或助教示范规范的叉车起步流程。

（2）学员模仿：请个别学员进行操作，教练指出优缺点，其他学员观摩。

（3）分组对抗：学员分组进行训练，并记录本组其他学员的操作时间和操作失误，见表5-2。

（4）教练评价：教练观察学员操作，及时修正学员的操作失误，强调操作要领。

表5-2　电动叉车起步流程训练情况登记表

序　号	姓　名	操作时间	操作失误
1		分　秒	
2		分　秒	
3		分　秒	
4		分　秒	
5		分　秒	
6		分　秒	

（续）

序　　号	姓　　名	操作时间	操作失误
7		分　秒	
8		分　秒	
9		分　秒	
10		分　秒	
11		分　秒	
12		分　秒	
13		分　秒	
14		分　秒	
15		分　秒	

训练三：电动叉车停车流程训练

（1）教练示范：教练或助教示范规范的叉车停车流程。

（2）学员模仿：请个别学员进行操作，教练指出优缺点，其他学员观摩。

（3）分组对抗：学员分组进行训练，并记录本组其他学员的操作时间和操作失误，见表5-3。

（4）教练评价：教练观察学员操作，及时修正学员的操作失误，强调操作要领。

表5-3　电动叉车停车流程训练情况登记表

序　　号	姓　　名	操作时间	操作失误
1		分　秒	
2		分　秒	
3		分　秒	
4		分　秒	
5		分　秒	
6		分　秒	
7		分　秒	
8		分　秒	
9		分　秒	
10		分　秒	
11		分　秒	
12		分　秒	
13		分　秒	
14		分　秒	
15		分　秒	

任务评价

训练项目	配分	评分标准	得分	总分
训练一	30	1．按巡检要求进行车检，检查项目为门架、前后轮胎、仪表。以上检查项目少检查一项扣5分 2．按照以下顺序进行准备：佩戴安全帽→左手扶安全把手→右手扶座椅→左脚蹬踏安全踏板上车→正确系上安全带。以上步骤少做一步扣5分，操作顺序不正确扣5分 3．根据实际情况对座椅进行调整，方便后续操作。座椅调整不正确扣5分 4．左手没有握住方向盘球头进行操作，一次扣5分 5．右手没有轻放在升降操纵杆和倾斜操纵杆上，一次扣5分 6．上体没有保持端正、自然，一次扣5分 7．两眼没有注视驾驶方向道路情况，一次扣5分		
训练二	35	1．没有坐在车上举手报告“检查正常，请求操作”就起步，扣5分 2．按照以下顺序进行叉车起步：打开总开关→打开钥匙开关→置前进位→鸣笛→松开驻车制动→上升货叉→门架后仰。以上步骤少做一步扣5分，顺序不正确扣5分 3．出现其他不规范操作，一次扣5分		
训练三	35	1．按照以下顺序进行停车：减速停车→门架回位→车轮回正→拉驻车制动→置空挡位→关闭钥匙开关→切断总电源→规范下车。以上步骤少做一步扣5分，顺序不正确扣5分 2．下车时没有规范下车，直接从车上跳下来，扣5分 3．出现其他不规范操作，一次扣5分		

拓展提升

一、柴油叉车的起动方式

起动发动机时，应先拉紧驻车制动，并检查变速杆是否在空挡上。如有动力输出装置（如水泵、油泵等），动力输出操纵杆也应放在空挡位置。

发动机的起动有三种情况，要根据不同的情况，采用不同的起动方法。

1．低温起动

当发动机温度低于5℃时，要起动发动机是比较困难的。因此在低温起动时，必须预热发动机，使之易于起动。预热发动机的一般方法有以下几种：

（1）采取向发动机冷却系统加热水的方法提高其温度，待机体温度上升到30～40℃时再起动。

（2）用手摇柄摇转曲轴20～30圈，至手感摇转轻松为止。这样可以使机油分送到各机件摩擦部位，改善润滑条件。

（3）柴油发动机在机体预热结束和起动之前，必须接通电热塞预热燃烧室。

2. 常温起动

当发动机温度高于5℃时，起动发动机后应提高怠速，使发动机机体内行动机件得到充分润滑。

3. 热车起动

当发动机温度不低于40℃时，车辆起步后不得立即提高车速，车辆在运行中水温应保持在80～90℃。

起动发动机时还要注意，当转动曲轴阻力增大时，起动机就会引进很大的电流（可达数百安），从而使扭力增大，转速降低，造成起动机负荷过大，其整流器工作不平稳，接触部位发热，使电枢线圈烧坏或脱焊，同时也会缩短蓄电池的寿命。特别是寒冬季节，要尽量采取措施，减轻起动机的负荷，并节约使用时间，使之不至过热而损伤起动机和蓄电池。如果先后两次尝试仍不能使发动机起动，应立即停止起动进行检查，等消除妨碍起动的故障后再进行起动。

二、叉车换挡及离合器的运用

1. 低挡换高挡

起步及倒车一般用一挡运行，如需要加速可换二挡（或更高挡）运行，操作方法为：脚抬油门，同时踏下离合器，将变速杆置于空挡位，然后抬离合器，再迅速踏下离合器，将变速杆换入二挡，使车辆继续平稳行进。

2. 两脚离合器的工作原理

加速换挡之所以要求两脚离合器，是因为两脚离合器可以利用发动机怠速降低副轴转速，保证传动机构传力平稳不受损。因为低速挡起步后，换挡时将变速杆置于空挡位，发动机（主轴及中间轴）的转速高于变速器输出轴的转速，若这时将输出轴齿轮与副轴齿轮啮合，必然由于其圆周速度不等，使两齿轮不易啮合，必须将离合器抬起使主轴和中间轴与降速以后的发动机接合予以降速，从而保证输出轴齿轮与副轴齿轮圆周速度接近一致，以达到易于啮合的目的。

3. 减速换挡——高挡换低挡

（1）踩制动踏板减速，同时踏下离合器，把变速杆置于空挡位置。

（2）摘下变速杆的同时迅速抬起离合器，加空油。

（3）加空油完毕，迅速踏下离合器，同时将变速杆换入低挡。

（4）变速器换入低挡位置后，稳抬离合器，同时逐渐加油，使车平稳前进。

任务二　直线前进和后退

任务目标

叉车L形线路前进、后退操作（微课）

叉车S形线路前进、后退操作（微课）

知识目标

1. 掌握叉车直线前进的操作要领
2. 掌握叉车直线后退的操作要领

能力目标

1. 能够熟练驾驶叉车直线前进到达指定目的地，途中不会碰撞障碍物和偏离规定路线
2. 能够熟练驾驶叉车直线后退到达指定目的地，途中不会碰撞障碍物和偏离规定路线

任务描述

叉车驾驶员按规范上车、顺利起动叉车后，从车库出发，朝正前方直线行驶10m，然后直线后退10m返回车库。要求叉车驾驶过程中不能压线，不能撞杆，不能偏离规定路线。

任务准备

为了完成上述操作，需至少准备叉车一辆、秒表人手一个、障碍杆若干，直线前进和后退训练评分表人手一份。

任务实施

步骤一：布置直线前进和直线后退训练场地

直线前进和直线后退训练场地布置如图5-1所示。

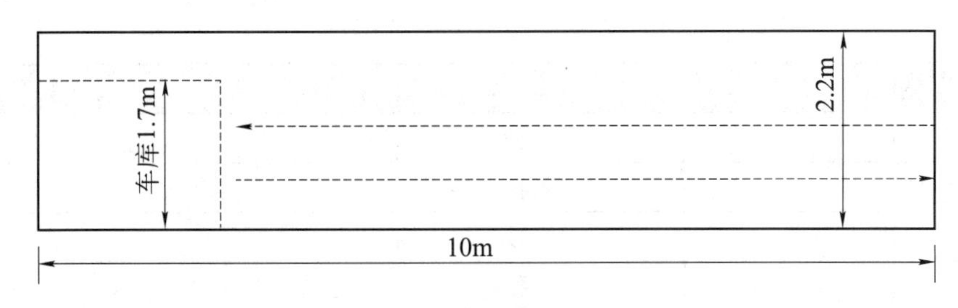

图5-1　直线前进和直线后退训练场地布置

步骤二：学习直线前进训练的操作要领

（1）操作要领。叉车直线前进要做到：目视前方，看远顾近，注意两旁，尽量行驶在路中央。由于路面凹凸不平，易使转向轮受到冲击振动而产生偏斜，需及时修正方向。当叉车前部（驱动桥端）向左（右）偏斜时，应向右（左）转方向盘，待叉车前部快要回到行驶路线时，再逐渐将方向盘回正。

（2）注意事项。直线前进训练过程中，如果需要修正方向，要尽量“少打少回”，以免“画龙”。要细心体会方向盘的游动间隙，如叉车在道路右侧行驶时，为防止向右偏斜，方向盘应位于游动间隙的左侧。

步骤三：学习直线后退训练的操作要领

直线倒车时，左手握住方向盘，身体向右斜坐，右臂依托在靠背上，转头向后，以叉车平衡重角或平衡重吊环中心对准库门、货垛及卸货地点，发出倒车信号，用一挡起步倒车。当叉车后部向左（右）偏斜，应立即将方向盘稍稍向右（左）回转修正，少打少回。回方向盘的时机要适当提前，以保证直线倒行。

应用训练

训练一：叉车直线前进训练

（1）学员分组：根据学校车辆数，对学员进行分组。

（2）教练示范：教练或助教示范规范的叉车直线前进全流程。

（3）学员模仿：请个别学员进行操作，教练指出优缺点，其他学员观摩。

（4）分组对抗：学员分组进行对抗训练，并记录本组其他学员的操作时间和操作失误，见表5-4。

（5）教练评价：教练观察学员操作，及时修正学员的操作失误，强调操作要领。

表5-4 叉车直线前进训练情况登记表

序 号	姓 名	操作时间	操作失误
1		分 秒	
2		分 秒	
3		分 秒	
4		分 秒	
5		分 秒	
6		分 秒	
7		分 秒	
8		分 秒	
9		分 秒	
10		分 秒	
11		分 秒	
12		分 秒	
13		分 秒	
14		分 秒	
15		分 秒	

训练二：叉车直线后退训练

（1）学员分组：根据学校车辆数，对学员进行分组。

（2）教练示范：教练或助教示范规范的叉车直线后退全流程。

（3）学员模仿：请个别学员进行操作，教练指出优缺点，其他学员观摩。

（4）分组对抗：学员分组进行训练，并记录本组其他学员的操作时间和操作失误，见表5-5。

（5）教练评价：教练观察学员操作，及时修正学员的操作失误，强调操作要领。

表5-5 叉车直线后退训练情况登记表

序 号	姓 名	操作时间	操作失误
1		分 秒	
2		分 秒	
3		分 秒	
4		分 秒	
5		分 秒	
6		分 秒	
7		分 秒	
8		分 秒	
9		分 秒	
10		分 秒	

（续）

序号	姓名	操作时间	操作失误
11		分 秒	
12		分 秒	
13		分 秒	
14		分 秒	
15		分 秒	

任务评价

训练项目	配分	评分标准	得分	总分
训练一	50	1．按巡检要求进行车检，检查项目为门架、前后轮胎、仪表。以上检查项目少检查一项扣2分 2．按照以下顺序进行准备：佩戴安全帽→左手扶安全把手→右手扶座椅→左脚蹬踏安全踏板上车→正确系上安全带。以上步骤少做一步扣2分，操作顺序不正确扣2分 3．左手没有握住方向盘球头，右手没有轻放在升降操纵杆和倾斜操纵杆上，一次扣2分 4．按照以下顺序进行叉车起步：打开总开关→打开钥匙开关→置前进位→鸣笛→松开驻车制动→上升货叉→门架后仰。以上步骤少做一步扣2分，顺序不正确扣2分 5．叉车在行驶时货叉离地距离不在200～400mm，一次扣2分 6．叉车撞到边线杆，一次扣5分 7．叉车压线或出界，一次扣5分 8．叉车直线行驶过程中偏离既定的路线或是没有直线前进，一次扣10分 9．叉车行驶中出现轮胎离地，一次扣10分 10．制动过程出现拖痕，一次扣5分		
训练二	50	1．叉车在行驶时，货叉离地距离不在200～400mm，一次扣2分 2．升降货叉时没有置空挡位、踩制动踏板（驻车指示灯没有亮，即视为没踩制动踏板），一次扣5分 3．叉车撞到边线杆，一次扣5分 4．入库停车时叉车超出定位线，扣5分 5．按照以下顺序进行停车：减速停车→门架回位→车轮回正→拉驻车制动→置空挡位→关闭钥匙开关→切断总电源→规范下车。以上步骤少做一步扣2分，顺序不正确扣2分 6．叉车行驶中出现轮胎离地，一次扣10分 7．制动过程出现拖痕，一次扣5分 8．叉车直线后退过程中偏离既定的路线或是没有直线后退，一次扣10分		

拓展提升

一、叉车制动系统简介

现代叉车一般配有3套独立的制动系统：

（1）作用于驱动轮和承载轮的踏板液压制动。

（2）电子或机械式驻车制动。

（3）再生制动。再生制动的原理是叉车在下坡、停车、前进和后退转换过程中的动能不是仅仅消耗在机械制动器上，通过控制器还可将电动机变成发电机，给蓄电池充电。这种制动系统延长了每次充电后的工作时间，一般可延长5%～10%，同时减少了机械制动器的磨损，降低了使用成本，对于频繁起动、制动的叉车来说尤为重要。

二、叉车制动踏板的应用

制动器是确保行车安全的主要设备，制动器运用的好坏不仅直接关系到安全行车，而且影响着装货或叉车驾驶员的安全。严格来说，还影响到装卸搬运效率和经济指标的完成。

制动使用以预见性减速制动为最多，预见性减速制动多用于前方交通已经堵塞或已发现障碍物，根据情况判断本车到达该处时堵塞可能解除或本车到达该处势必减速换档时使用，即：先抬加速踏板，再踩制动踏板，逐渐减速，减速程度视前方路面空旷程度或障碍程度的不同而定，做到使用得当，既可使叉车通过障碍时安全平稳，又能减少不必要的停车。在车辆仍保持相当余速的情况下，换挡加速，继续行驶。

在上述情况下，使用制动踏板的规律是轻——重——轻。

轻——发现情况，提前减速，即早踩制动踏板阶段。

重——把过快的速度消灭在距障碍物一定距离以外，制动踏板适当加重。

轻——临近障碍物时，制动踏板适当放松，保持适当余速。一方面障碍物移动后可立即换挡加速，另一方面障碍物不能移开时也可做到平稳停车。

1. 预见性制动运用

行驶中遇有行人横穿道路或路面不平时，根据情况轻踩制动踏板，减低速度，待叉车平稳通过后再加速前进。

2. 减速换档制动运用

行驶中遇有较大或较复杂障碍物时，由于制动减速程度较大，发动机的动力已不能维持原状，需要换挡，其余速要和换入的挡一致。

3. 定点停靠制动运用

制动使用根据停车距离长短由轻到重操作，加重程度应能使车到达停靠点又有余速为好。停车前，踏板收回少许（不缓冲，不放气），利用余速驶到停车点，使车停稳。

4. 紧急停车制动运用

紧急停车一般在转弯处或视线受到影响以及特殊情况下采用。操作时，两手紧握方向盘，同时踏下离合器、制动踏板，使车立即停止，必要时驻车制动可同时使用。

任务三　“8”字行进

任务目标

知识目标

1. 掌握叉车方向盘的操作要领
2. 掌握叉车行驶方向的控制技巧

能力目标

1. 能够熟练使用叉车方向盘
2. 能够有效控制叉车的行驶方向
3. 能够驾驶叉车顺利通过“8”字赛道

任务描述

在规定时间内，叉车驾驶员驾驶叉车按指定路线行驶。操作要求：①叉车驾驶中不允许挂高速挡；②叉车驾驶过程中，轮胎不得压线或超出指定区域；③叉车驾驶过程中，不得撞到或撞倒障碍物；④将叉车驶回停车位停车后，车辆不得超出停车位边界；⑤操作时间不得超过2min。

任务准备

为了完成上述操作，需至少准备叉车一辆、秒表人手一个、障碍杆若干、“8”字行进训练评分表人手一份。

任务实施

步骤一：布置“8”字行进训练场地

叉车“8”字行进，俗称绕“8”字，主要是训练驾驶员对方向盘的使用和对叉车行驶方向的控制能力。

叉车“8”字行进的场地设置，如图5-2所示。对于大吨位的电动叉车和大吨位的内燃叉车，其路幅可以适当放宽。

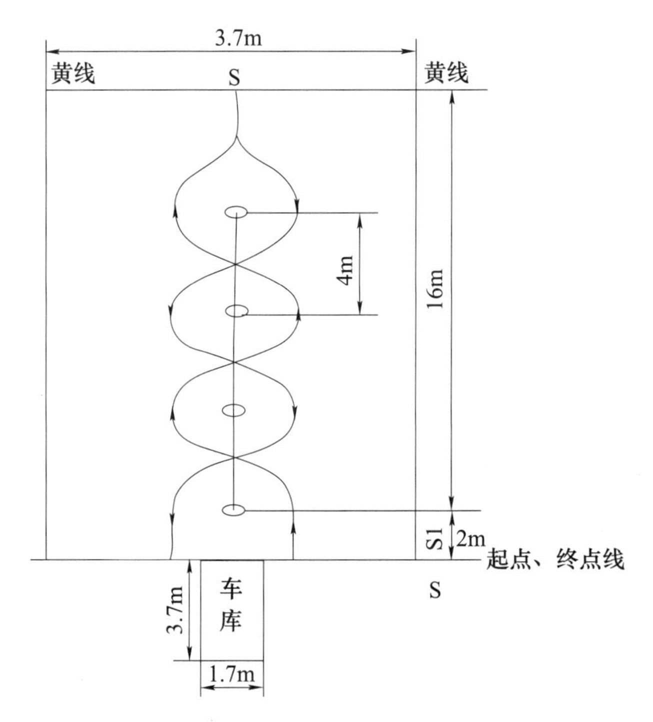

图5-2　叉车“8”字行进场地布置

步骤二：学习“8”字行进训练的操作要领及注意事项

（1）操作要领。

1）叉车前进行驶时，左前轮应靠近障碍杆，随障碍杆变换方向。既要防止叉车前轮压杆，又要防止后轮压线。

2）后倒行驶时，右后轮应靠近障碍杆，随障碍杆变换方向。既要防止后轮压杆，又要防止前轮压线。

（2）注意事项。

1）初学叉车驾驶时，车速要慢，运用加速踏板要平稳。行进时，因叉车随时都在转弯状态中，故后轮的阻力较大，如加速不够会使行进的动力不足，造成熄火；如加速过多，则车速太快，不易修正方向。所以，必须正确应用加速踏板，待操作熟练后再适当加快车速。

2）转动方向盘要平稳、适当，修正方向要及时，角度要小，不要曲线行驶。

应用训练

训　练：叉车“8”字行进训练

（1）学员分组：根据学校车辆数，对学员进行分组。

（2）教练示范：教练或助教示范规范的“8”字行进训练全流程。

（3）学员模仿：请个别学员进行操作，教练指出优缺点，其他学员观摩。

（4）分组对抗：学员分组进行对抗训练，并记录本组其他学员的操作时间和操作失误，见表5-6。

（5）教练评价：教练观察学员操作，及时修正学员的操作失误，强调操作要领。

表5-6　叉车“8”字行进训练情况登记表

序　号	姓　名	操作时间	操作失误
1		分　秒	
2		分　秒	
3		分　秒	
4		分　秒	
5		分　秒	
6		分　秒	
7		分　秒	
8		分　秒	
9		分　秒	
10		分　秒	
11		分　秒	
12		分　秒	
13		分　秒	
14		分　秒	
15		分　秒	

任务评价

训练项目	配分	评分标准	得分	总分
叉车起步	15	1. 按巡检要求进行检查，检查项目为门架、前后轮胎、仪表。以上检查项目少检查一项扣1分 2. 检查完毕后，选手没有坐在车上向裁判举手报告就起步，扣2分 3. 没有佩戴安全帽或正确系上安全带，一次扣5分 4. 按照以下顺序进行叉车起步：打开总开关→打开钥匙开关→置前进位→鸣笛→松开驻车制动→上升货叉→门架后仰。以上步骤少做一步扣2分，顺序不正确扣2分 5. 货叉离地距离不在200～400mm，扣2分 6. 未调整货叉仰角，一次扣2分 7. 其他不规范动作，一次扣2分		
叉车“8”字行进	70	1. 升降货叉时没有置空挡位、踩制动踏板（驻车指示灯没有亮，即视为没踩制动踏板），一次扣5分 2. 叉车撞到边线杆或压线，一次扣5分 3. 车轮越线或倒杆，一次扣10分 4. 未一次绕桩完成（产生反向调整），一次扣5分 5. 未依路线顺序行驶，一次扣15分 6. 需要下车时，没有置空档位、拉驻车制动，并将托盘放置在地面上，一次扣5分 7. 制动过程出现拖痕，一次扣5分 8. 叉车行驶中出现轮胎离地，一次扣10分		
叉车归位	15	1. 货叉未降下贴地并与地面平行，扣5分 2. 货叉落地时重击地面，扣5分 3. 叉车归位时轮胎压边线，扣5分 4. 停车车身出边界，扣5分 5. 按照以下顺序进行停车：减速停车→门架回位→车轮回正→拉驻车制动→置空挡位→关闭钥匙开关→切断总电源→规范下车。以上步骤少做一步扣2分，顺序不正确扣2分		

拓展提升

一、叉车方向盘的运用

正确地打回方向盘不但能确保行车安全，还可以提高装卸搬运效率，降低各种消耗，所以叉车驾驶员必须深刻了解影响转向的各种技术因素。否则在一定情况下，车辆就难以通过，甚至会发生危险。叉车方向盘的正确操作方法如下。

1. 单手掌握方向盘

左手稳握方向盘的球头（见图5-3），右手握住操纵杆。如右转弯，则左手按顺时针方向打方向盘，待叉车进入新方向后，迅速向反方向回转方向盘（原则是方向盘打多少就回多少），使叉车仍以直线行驶。左转弯与右转弯操作相反。

图5-3　叉车方向盘

2. 注意事项

叉车与普通的车辆不同，是后轮转向，转向时后部平衡重向外旋转。转向时要提前减速，向要转弯的一侧转动方向盘，方向盘要比前轮转向的车辆提前一点旋转。

二、叉车换挡操作技巧

叉车一般有2～3个挡位，Ⅰ档为低速挡，Ⅱ、Ⅲ档为高速挡。

低速挡的特点是行驶速度慢，使驱动轮获得较大的转速，增大了牵引力。因此它适用于起步、上坡、通过困难路段、急转弯、取货和卸货等场合。但低速挡车速慢，发动机温度容易升高，燃油消耗大，故行驶距离不宜过长。高速挡行驶速度快，牵引力小，发动机转速高，燃油消耗小，适用于较好的路况及较长距离的行驶。

由低速挡换入高速挡的过程称为加挡，由高速挡换入低速挡的过程称为减挡。这是两种不同的操作程序，操作方法也有区别。

（1）叉车操作加挡。叉车起步后，只要场地宽阔，运行距离长，所搬运货物牢固可靠，就要平稳地踩下加速踏板，慢慢提高车速。当车速适合换入高一级挡位时，立即抬起加速踏板，同时迅速踏下离合器踏板，将变速杆移入空挡位置；随即迅速抬起离合器踏板，然后立即踩下，同时迅速将变速杆由空挡换入高一级挡位；接着边松抬离合器踏板，边徐徐踩下加速踏板，待加速至更高一级挡位车速时，可按上述操作方法换入更高挡位。

叉车低速挡换入高速挡是凭发动机声音、转速的变化和叉车动力的大小掌握换挡机会的。如踩下加速踏板时，发动机动力过大，发动机转速一直上升，说明可以换入高一级挡位。如果换入新的挡位后，踩下加速踏板时，叉车的速度仍然上升，发动机转速不高，无动力不足的感觉，说明就是合适的换挡时机。如果换入高一级挡位后，踏下加速踏板时，发现发动机转速下降，说明加挡时机过早。

（2）叉车操作减挡。叉车在行驶中遇到阻力较大的路段或上坡时，车速慢慢降低，发动机动力不足，高速挡不能继续行驶，或者在接近货垛、进入库房前，均应降低车速，从高速挡换入低速挡。减挡时，首先抬起加速踏板，并迅速踩下离合器踏板，将变速杆移入空挡位置；接着抬起离合器踏板，并迅速点踩一下加速踏板，随即迅速踩下离合器踏板，将变速杆换入低一级挡位；然后一边松抬离合器踏板，一边踩下加速踏板，使叉车继续行驶。

叉车操作减挡的关键在于加空油要适当。加空油的多少应根据车速、挡位的高低灵活掌握。挡位越低，空油加得越大。车速快，空油要适当加大；车速慢，空油则适当小些。这样才能保证减挡时变速器齿轮较好的啮合。

任务四　侧 方 移 位

任务目标

知识目标

1. 掌握侧方移位的操作要领
2. 掌握侧方移位的操作注意事项

能力目标

能够熟练进行侧方移位，调整叉车位置

任务描述

在规定时间内，叉车驾驶员按指定路线操作叉车进行侧方移位。操作要求：①按规定的行驶路线完成操作，两进、两倒完成侧方移位至另一侧后方时，要求车正轮正；②操作过程中车身任何部位不得碰、刮桩杆，不准越线；③每次进退中，不得中途停车，操作中不得熄火，不得使用“半联动”和“打死方向盘”；④操作时间不得超过2min。

任务准备

为了完成上述操作，需至少准备叉车一辆、秒表人手一个、障碍杆若干、侧方移位训练评分表人手一份。

任务实施

步骤一：布置侧方移位训练场地

侧方移位是车辆不变更方向，在有限的场地内将车辆移至侧方位置。侧方移

位在叉车作业中应用较多，如在取货和码垛时，就经常使用侧方移位的方法调整叉车的位置。

叉车侧方移位的场地设置如图5-4所示，图中位宽=两车宽+800mm，位长=两车长。

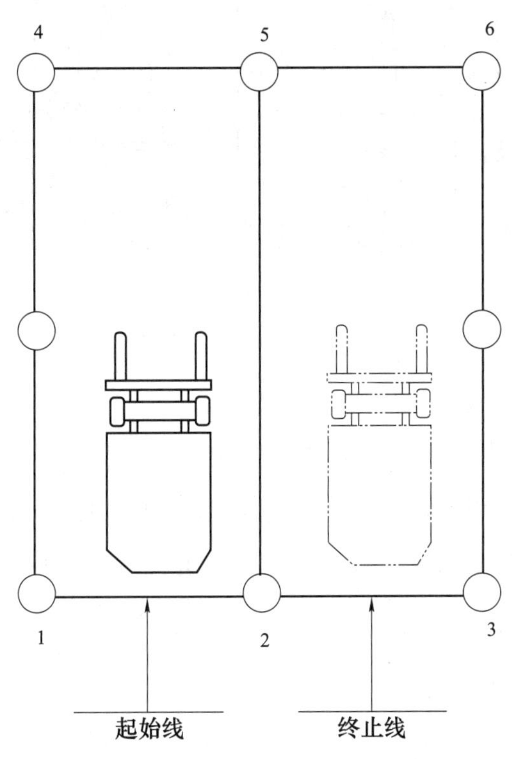

图5-4　叉车侧方移位场地布置

步骤二：了解侧方移位训练的操作要领及注意事项

（1）操作要领。

1）当叉车第一次前进起步后，应稍向右转动方向盘（或正直前进，防止左后轮压线），待货叉尖距前标线杆1m时，迅速向左转动方向盘，使车尾向右摆；当车摆正（或车头稍向左偏）或货叉尖距前标线杆0.5m时，迅速向右转动方向盘，为下次后倒做好准备，并随即停车，如图5-5a所示。

2）倒车起步后，继续向右转动方向盘，注意左前角及右后角不要刮碰两侧标杆线，待车尾距后标线杆1m时，迅速向左转动方向盘，使车尾向左摆；当车摆正（或车头稍向右）或车尾距后标线杆0.5m时，迅速向右转动方向盘，为下次前进做好准备，并随即停车，如图5-5b所示。

3）第二次前进起步后，可按第一次前进时的转向要领，使叉车完全进入右侧位置，并正直前进停放，如图5-5c所示。

4）第二次倒车起步后，应观察车后部与外标线杆和中心标杆，取等距离倒车。待车尾距后标杆线约1m时，驾驶员应转过头来向前看，将叉车校正位置后停车，如图5-5d所示。

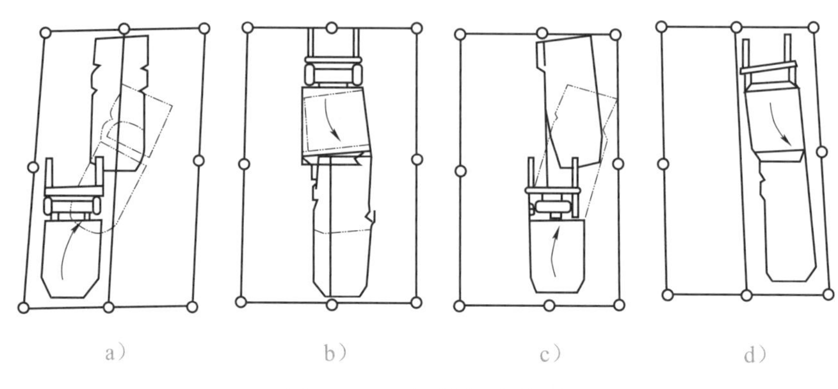

a） b） c） d）

图5-5 叉车侧方移位图

a）第一次前进 b）第一次倒车 c）第二次前进 d）第二次倒车

（2）注意事项。依照上述要领操作时，必须注意控制车速；对于内燃式叉车在进退途中不允许踏离合踏板，也不允许随意停车，更不允许打死方向，以免损坏机件。倒车时，应准确判断目标，转头要迅速及时，兼顾好左右及前后。

应用训练

训　练：叉车侧方移位训练

（1）学员分组：根据学校车辆数，对学员进行分组。

（2）教练示范：教练或助教示范规范的叉车侧方移位全流程。

（3）学员模仿：请个别学员进行操作，教练指出优缺点，其他学员观摩。

（4）分组对抗：学员分组进行对抗训练，并记录本组其他学员的操作时间和操作失误，见表5-7。

（5）教练评价：教练观察学员操作，及时修正学员的操作失误，强调操作要领。

表5-7 叉车侧方移位训练情况登记表

序号	姓名	操作时间	操作失误
1		分 秒	
2		分 秒	
3		分 秒	
4		分 秒	
5		分 秒	
6		分 秒	
7		分 秒	
8		分 秒	

（续）

序　　号	姓　　名	操作时间	操作失误
9		分　秒	
10		分　秒	
11		分　秒	
12		分　秒	
13		分　秒	
14		分　秒	
15		分　秒	

任务评价

训练项目	配　　分	评分标准	得　　分	总　　分
叉车起步	15	1．按巡检要求进行检查，检查项目为门架、前后轮胎、仪表。以上检查项目少检查一项扣1分 2．检查完毕后，选手没有坐在车上向裁判举手报告就起步，扣2分 3．没有佩戴安全帽或正确系上安全带，一次扣5分 4．按照以下顺序进行叉车起步：打开总开关→打开钥匙开关→置前进位→鸣笛→松开驻车制动→上升货叉→门架后仰。以上步骤少做一步扣2分，顺序不正确扣2分 5．货叉离地距离不在200～400mm，扣2分 6．其他不规范动作，一次扣2分		
侧方移位	70	1．升降货叉时没有置空挡位、踩制动踏板（驻车指示灯没有亮，即视为没踩制动踏板），一次扣5分 2．叉车撞到边线杆或压线，一次扣5分 3．车轮越线或倒杆，一次扣5分 4．随意停车超过10s，一次扣15分 5．方向盘打死，一次扣15分 6．需要下车时，没有置空挡位、拉驻车制动，并将托盘放置在地面上，一次扣5分 7．制动过程出现拖痕，一次扣5分 8．叉车行驶中出现轮胎离地，一次扣10分		
叉车归位	15	1．货叉未降下贴地并与地面平行，一次扣5分 2．货叉落地重击地面，一次扣5分 3．停车轮胎压边线，一次扣5分 4．停车车身出边界，一次扣5分 5．按照以下顺序进行停车：减速停车→门架回位→车轮回正→拉驻车制动→置空挡位→关闭钥匙开关→切断总电源→规范下车。以上步骤少做一步扣2分，顺序不正确扣2分		

拓展提升

叉车轮胎的更换方法

（1）将叉车停放在平坦、硬实的路面上，关闭发动机，使叉车处于空载状态。

（2）将货叉下降到地面，用驻车制动装置止住车轮，如更换驱动轮胎，将千斤顶支承在车架前部侧面位置；如更换转向轮胎，将千斤顶支承在后桥后部托架中央。

（3）用千斤顶稍稍顶起叉车，使轮胎仍和地面接触；先旋开固定充气管的螺栓，取下夹子，然后松开轮毂螺母。

（4）用千斤顶将车完全支起，旋下轮毂螺母，将轮胎拆下。

（5）安装顺序与拆卸顺序相反。安装轮毂螺母时，紧固力矩必须达到规定值。

注意

安装完后要检查轮胎的充气是否达到规定值，短距离运行一段后再进行检查，看各部分螺栓是否松动。

任务五　带货绕桩

任务目标

知识目标

1. 掌握带货绕桩操作要领
2. 掌握带货绕桩操作的注意事项

能力目标

1. 熟练操作叉车，带货顺利通过桩区，不掉货不撞桩
2. 能够更好地使用叉车进行负载驾驶，为今后工作打下良好的技术基础

任务描述

在规定时间内，叉车驾驶员叉取载有2层货物的托盘，按指定路线行驶。操作要求：①叉车驾驶中不允许挂高速挡；②叉车驾驶过程中轮胎不得压线或超出指定区域；③叉车驾驶过程中不得撞到或撞倒障碍物；④将叉车驶回停车位停车后，车辆不得超出停车位边界；⑤操作时间不得超过3min。

任务准备

为了完成上述操作，需至少准备叉车一辆、秒表人手一个、障碍杆若干、带货绕桩训练评分表人手一份。

任务实施

步骤一：布置带货绕桩训练场地

带货绕桩场地布置图如5-6所示，实线表示前进方向，虚线表示倒车返库方向。

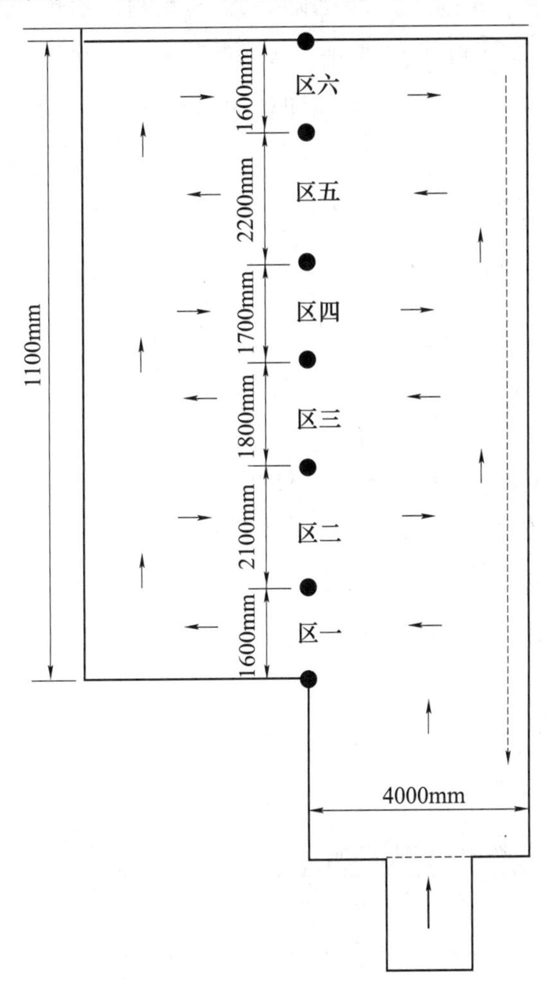

图5-6 带货绕桩场地布置图

步骤二：了解带货绕桩训练的操作要领及注意事项

（1）操作要领。

1）叉车起步后，应向左转动方向盘，保证叉车能够顺利进入区一，叉车尾部即将过区一两个桩时快速把方向盘向右打。

2）在叉车进区二前，将叉车摆正。叉车摆正后要回正方向盘（原则是打多少回多少），然后再直走，等到叉车尾部即将过区二两个桩时向左转动方向盘。

3）在叉车进区三前，将叉车摆正。叉车摆正后要回正方向盘（原则是打多少回多少），然后再直走，等到叉车尾部即将过区三两个桩时快速把方向盘向右打。

4）在叉车进区四前，将叉车摆正。叉车摆正后要回正方向盘（原则是打多少回多少），然后再直走，等到叉车尾部即将过区四两个桩时快速把方向盘向左打。

5）在叉车进区五前，将叉车摆正。叉车摆正后要回正方向盘（原则是打多少回多少），然后再直走，等到叉车尾部即将过区五两个桩时快速把方向盘向右打。

6）在叉车进区六前，将叉车摆正。叉车摆正后要回正方向盘（原则是打多少回多少），然后再直走，等到叉车尾部即将过区六两个桩时快速把方向盘向右打。

7）将叉车开回区二处，通过区二，再通过区一，然后倒车，将车开回车库。

（2）注意事项。带货绕桩时要注意加速踏板跟方向盘的配合使用，做到手脚并用；另外，带货绕桩时切忌转弯过急过快，否则容易发生货物掉落的现象。

应用训练

训　练：叉车带货绕桩训练

（1）学员分组：根据学校车辆数，对学员进行分组。

（2）教练示范：教练或助教示范规范的叉车带货绕桩全流程。

（3）学员模仿：请个别学员进行操作，教练指出优缺点，其他学员观摩。

（4）分组对抗：学员分组进行对抗训练，并记录本组其他学员的操作时间和操作失误，见表5-8。

（5）教练评价：教练观察学员操作，及时修正学员的操作失误，强调操作要领。

表5-8　叉车带货绕桩训练情况登记表

序　号	姓　名	操作时间	操作失误
1		分　秒	
2		分　秒	
3		分　秒	
4		分　秒	
5		分　秒	
6		分　秒	
7		分　秒	
8		分　秒	
9		分　秒	
10		分　秒	

（续）

序　号	姓　名	操作时间	操作失误
11		分　秒	
12		分　秒	
13		分　秒	
14		分　秒	
15		分　秒	

任务评价

训练项目	配　分	评分标准	得　分	总　分
叉车起步	15	1．按巡检要求进行检查，检查项目为门架、前后轮胎、仪表。以上检查项目少检查一项扣1分 2．检查完毕后，选手没有坐在车上向裁判举手报告就起步，扣2分 3．没有佩戴安全帽或正确系上安全带，一次扣5分 4．按照如下顺序进行叉车起步：打开总开关→打开钥匙开关→置前进位→鸣笛→松开驻车制动→上升货叉→门架后仰。以上步骤少做一步扣2分，顺序不正确扣2分 5．货叉离地距离不在200～400mm，扣2分		
带货绕桩	70	1．叉车撞到边线杆或压线，一次扣5分 2．转向时未打转向灯，一次扣2分 3．升降货叉时没有置空挡位、踩制动踏板（驻车指示灯没有亮，即视为没踩制动踏板），一次扣5分 4．需要下车时，没有置空挡位、拉驻车制动，并将托盘放置在地面上，一次扣5分 5．作业过程中货品掉落，掉落一箱扣10分 6．叉车行驶时撞桩，一次扣10分 7．叉车行驶中出现轮胎离地，一次扣10分 8．制动过程出现拖痕，一次扣5分		
叉车归位	15	1．货叉未降下贴地并与地面平行，一次扣5分 2．货叉落地重击地面，一次扣5分 3．停车轮胎压边线，一次扣5分 4．停车车身出边界，一次扣5分 5．按照以下顺序进行停车：减速停车→门架回位→车轮回正→拉驻车制动→置空挡位→关闭钥匙开关→切断总电源→规范下车。以上步骤少做一步扣2分，顺序不正确扣2分		

拓展提升

叉车转向沉重或卡住的原因

叉车转向沉重或卡住的原因一般有如下几点：

（1）转向器销杆弯曲，蜗杆与滚轮啮合困难。

（2）万向节销轴承缺油。

（3）转向器蜗杆轴承缺油。

（4）万向节销轴承损坏。

（5）纵横拉杆弯曲。

任务六　通道驾驶

任务目标

知识目标

掌握叉车通道驾驶训练的操作要领

能力目标

1. 可以熟练驾驶叉车在库房或货物的堆垛通道内行驶
2. 提高驾驶员在通道内的驾驶熟练度，进一步提高叉车的作业效率和作业安全

任务描述

在规定时间内，叉车驾驶员按指定路线进行通道驾驶训练。操作要求：①叉车驾驶中不允许挂高速挡；②叉车驾驶过程中轮胎不得压线或超出指定区域；③叉车驾驶过程中不得撞到或撞倒障碍物；④将叉车驶回停车位停车后，车辆不得超出停车位边界；⑤操作时间不得超过5min。

任务准备

为了完成上述操作，需至少准备叉车一辆、秒表人手一个、障碍杆若干、通道驾驶训练评分表人手一份。

任务实施

步骤一：布置通道驾驶训练场地

通道内驾驶训练，可将障碍杆列成模拟通道，其通道宽度实际为叉车直角拐

弯时的通道宽度（建议为2.1m或2.2m）。通道驾驶场地应设置有左、右直角拐弯和横通道，其形式不限。图5-7工字通道是比较常见的叉车通道驾驶训练场地。

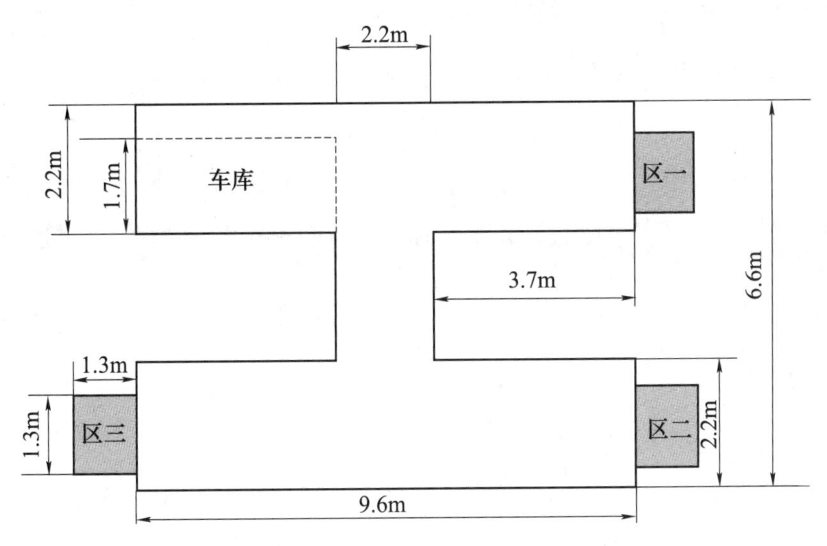

图5-7　通道训练场地布置参考图

步骤二：了解通道驾驶训练的训练线路操作要领

1. 训练线路

1）从车库出车到区一取一个空托盘放置在区三的指定位置。

2）到区二取第二个托盘（含货物）到区三进行第二层的叠放。

3）倒车，再将区三两个托盘和货物同时放回区一指定位置，最后将车驶回车位。

2. 操作要领

叉车在直通道内前进时，除应注意驾驶姿势外，还应使叉车在通道中央或稍偏即将转向的一边行驶，以便于观察和掌握方向。在通过直角拐弯处时，应先减速，并让叉车靠近内侧行驶，只需留出适当的安全距离即可；根据车速快慢、内侧距离大小，确定转向时机和转向速度，使叉车内前轮绕直角行驶。

一般来说，车速慢、内侧距离大，应早打慢转；车速快、内侧距离小，应迟打快转。无论是早打还是迟打，在内前轮中心通过直角顶端处时，转向一定要在极限位置。在拐弯过程中，要注意叉车的内侧和前外侧，尤其要注意后外轮或后侧，不要撞杆或压线；在拐过直角后，应及时回转方向进入直线行驶，回方向的时机由通道宽度和回方向的速度而定。一般来说，通道宽度小，应迟回快回；通道宽度大，应早回慢回。避免回方向不足或回方向过多，以防叉车在通道内“画龙”。

叉车在直通道内后倒时，应使叉车在通道中央行驶，并注意驾驶姿势，同时还要选择好观察目标，使叉车在通道内平稳正直后倒。在通过直角拐弯处时，应先减速，并靠通道外侧行驶，使内侧留有足够的距离；根据车速快慢、内侧距离大小，确定转向时机和转向速度，使叉车内前轮绕直角行驶。

一般来说，车速慢、内侧距离大，应早打慢转；车速快、内侧距离小，应迟打快转。在拐弯过程中，要注意叉车前外侧、后外侧、后外轮，尤其要注意内轮差，防止内前轮及货叉其他部位撞杆或压线。在拐过直角后应及时回转方向进入直线行驶。

应用训练

训　练：叉车通道驾驶训练

（1）学员分组：根据学校车辆数，对学员进行分组。

（2）教练示范：教练或助教示范规范的叉车工字通道驾驶训练全流程。

（3）学员模仿：请个别学员进行操作，教练指出优缺点，其他学员观摩。

（4）分组对抗：学员分组进行对抗训练，并记录本组其他学员的操作时间和操作失误，见表5-9。

（5）教练评价：教练观察学员操作，及时修正学员的操作失误，强调操作要领。

表5-9　叉车通道驾驶训练情况登记表

序号	姓名	操作时间	操作失误
1		分　秒	
2		分　秒	
3		分　秒	
4		分　秒	
5		分　秒	
6		分　秒	
7		分　秒	
8		分　秒	
9		分　秒	
10		分　秒	
11		分　秒	
12		分　秒	
13		分　秒	
14		分　秒	
15		分　秒	

任务评价

训练项目	配　分	评分标准	得　分	总　分
叉车起步	15	1．按巡检要求进行检查，检查项目为门架、前后轮胎、仪表。以上检查项目少检查一项扣1分 2．检查完毕后，选手没有坐在车上向裁判举手报告就起步，扣2分 3．没有佩戴安全帽或正确系上安全带，一次扣5分 4．按照以下顺序进行叉车起步：打开总开关→打开钥匙开关→置前进位→鸣笛→松开驻车制动→上升货叉→门架后仰。以上步骤少做一步扣2分，顺序不正确扣2分 5．货叉离地距离不在200～400mm，扣2分		
通道驾驶	70	1．叉车撞到边线杆或压线，一次扣5分 2．转向时未打转向灯，一次扣2分 3．升降货叉时没有置空挡位、踩制动踏板（驻车指示灯没有亮，即视为没踩制动踏板），一次扣5分 4．需要下车时，没有置空挡位、拉驻车制动，并将托盘放置在地面上，一次扣5分 5．作业过程中货品掉落，掉落一箱扣10分 6．叉车行驶时撞桩，一次扣10分 7．货叉碰撞托盘，一次扣5分 8．托盘未堆叠整齐（四边超出（含）5cm），一边扣5分 9．货叉未完全进入托盘（小于等于3cm不扣分），一次扣5分 10．叉取托盘时没有按照取货八步法操作，一次扣5分 11．卸下托盘时没有按照卸货八步法操作，一次扣5分 12．叉车行驶中出现轮胎离地，一次扣10分 13．制动过程出现拖痕，一次扣5分		
叉车归位	15	1．货叉未降下贴地并与地面平行，一次扣5分 2．货叉落地重击地面，一次扣5分 3．停车轮胎压边线，一次扣5分 4．停车车身出边界，一次扣5分 5．按照以下顺序进行停车：减速停车→门架回位→车轮回正→拉驻车制动→置空挡位→关闭钥匙开关→切断总电源→规范下车。以上步骤少做一步扣2分，顺序不正确扣2分		

拓展提升

叉车的行驶速度规定

根据场地和力学性能限定机械在货场内的行驶速度。一般情况下，货场内行驶速度不超过15km/h，站台上行驶速度不超过10km/h。在10%以上的坡道上行驶时不得转向；负重时，上坡正向行驶，下坡倒向行驶。在平整路面转向时速度不得超过5km/h，不得在5%以上的坡道上进行堆码作业。叉车过弯道时，要做到“一慢二看三通过”。

任务七　场地综合驾驶

任务目标

知识目标

1. 掌握叉车场地综合驾驶训练的操作要领
2. 掌握叉车场地综合驾驶训练的操作注意事项

能力目标

1. 通过训练，进一步巩固、强化和提高叉车操作技能和目测判断能力
2. 能够更熟练、协调地操作叉车，为在复杂条件下驾驶叉车打下良好的技术基础

任务描述

在规定时间内，叉车驾驶员按指定路线进行场地综合驾驶训练。要求：①叉车驾驶中不允许挂高速挡；②叉车驾驶过程中轮胎不得压线或超出指定区域；③叉车驾驶过程中不得撞到或撞倒障碍物；④将叉车驶回停车位停车后，车辆不得超出停车位边界；⑤操作时间不得超过6min。

任务准备

为了完成上述操作，需至少准备叉车一辆、秒表人手一个、障碍杆若干、场地综合驾驶训练评分表人手一份。

任务实施

步骤一：布置叉车综合驾驶训练场地

叉车场地综合驾驶训练是把通道驾驶、过窄通道、转“8”字等式样驾驶和直角取卸货结合在一起，进行综合性练习。其场地设置，如图5-8所示。

图5-8中，A=车宽+80cm（1t以下电瓶叉车为车宽+60cm）；C=D=2m；B=2.5m；E=4m。

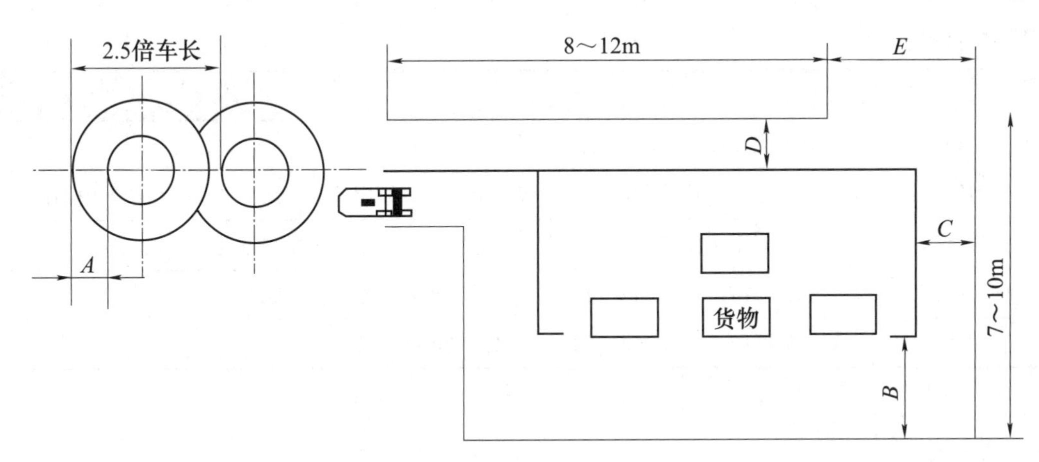

图5-8　综合驾驶训练场地布置

步骤二：了解场地综合驾驶训练的操作要领及注意事项

1. 操作要领

叉车从场外起步后进入通道（图5-8所示位置），经右拐直角弯、左拐直角弯后，左拐直角取货，并左拐退出货位停车；然后起步前进，经两次左拐直角弯后进入窄通道，通过窄通道后绕“8”字转1～2圈进入通道；经右拐直角弯、左拐直角弯后，左拐直角卸货，起步后倒出货位；倒车经左拐直角弯、右拐直角弯后到达初始位置停车，整个过程完毕。

操作中，要正确运用各种驾驶操纵装置，起步、停车要平稳，中途不得随意停车或长期使用半联动，不允许发动机熄火和打死方向盘，叉货和卸货应按照取货8步法和卸货8步法要求进行。

2. 注意事项（见表5-10）

表5-10　场地综合驾驶训练注意事项

操作节点	注意事项
上车起步	手抓车架，右手扶靠椅上车，做完准备工作后平稳起步
空车右转弯	要求驾驶员小心谨慎，左右兼顾，不得剐蹭
空车左转弯	驾驶员应提前向内侧逐步转向，避免外侧刮压
直角取货	先调整车身，使其保持与货物或货位垂直，然后按叉车叉取货物的8个动作要领操作
重车左转弯	驾驶员应逐渐向左转弯，避免刮碰
重车右转弯	驾驶员应该注意转向、回方向的时机和速度，避免刮碰
过窄通道	过窄通道时，车速要慢，方向要稳，少打早打，早回少回，避免刮碰
绕“8”字	叉车绕“8”字时，应稍微靠近内侧行驶，避免刮碰
重车右转弯	驾驶员应该注意转向、回方向的时机和速度，避免刮碰

（续）

操作节点	注意事项
重车左转弯	驾驶员应逐渐向左转弯，避免刮碰
直角放货	先调整车身，使其保持与货物或货位垂直，然后按叉车卸货的8个动作要领操作
倒车左转弯	驾驶员应牢记倒车的要领，注意左前轮和右后轮不能压线刮碰
倒车右转弯	驾驶员应牢记倒车的要领，注意左后轮和右前轮不能压线刮碰
停车、下车	驾驶员要做好必要的调整工作，再按照正确姿势下车

应用训练

训　练：叉车场地综合驾驶训练

（1）学员分组：根据学校车辆数，对学员进行分组。

（2）教练示范：教练或助教示范规范的叉车场地综合驾驶训练全流程。

（3）学员模仿：请个别学员进行操作，教练指出优缺点，其他学员观摩。

（4）分组对抗：学员分组进行对抗训练，并记录本组其他学员的操作时间和操作失误，见表5-11。

（5）教练评价：教练观察学员操作，及时修正学员的操作失误，强调操作要领。

表5-11　叉车场地综合驾驶训练情况登记表

序号	姓名	操作时间	操作失误
1		分　秒	
2		分　秒	
3		分　秒	
4		分　秒	
5		分　秒	
6		分　秒	
7		分　秒	
8		分　秒	
9		分　秒	
10		分　秒	
11		分　秒	
12		分　秒	
13		分　秒	
14		分　秒	

任务评价

训练项目	配分	评分标准	得分	总分
叉车起步	15	1. 按巡检要求进行检查，检查项目为门架、前后轮胎、仪表。以上检查项目少检查一项扣1分 2. 检查完毕后，选手没有坐在车上向裁判举手报告就起步，扣2分 3. 没有佩戴安全帽或正确系上安全带，一次扣5分 4. 按照以下顺序进行叉车起步：打开总开关→打开钥匙开关→置前进位→鸣笛→松开驻车制动→上升货叉→门架后仰。以上步骤少做一步扣2分，顺序不正确扣2分 5. 货叉离地距离不在200～400mm，扣2分		
场地综合驾驶	70	1. 叉车撞到边线杆或压线，一次扣5分 2. 转向时未打转向灯，一次扣2分 3. 升降货叉时没有置空挡位、踩制动踏板（驻车指示灯没有亮，即视为没踩制动踏板），一次扣5分 4. 需要下车时，没有置空挡位、拉驻车制动，并将托盘放置在地面上，一次扣5分 5. 作业过程中货品掉落，掉落一箱扣10分 6. 叉车行驶时撞桩，一次扣10分 7. 货叉碰撞托盘，一次扣5分 8. 托盘未堆叠整齐（四边超出（含）5cm），一边扣5分 9. 货叉未完全进入托盘（小于等于3cm不扣分），一次扣5分 10. 叉车行驶中出现轮胎离地，一次扣10分 11. 制动过程出现拖痕，一次扣5分 12. 方向盘打死，一次扣5分 13. 叉取托盘时没有按照取货8步法操作，一次扣5分 14. 卸下托盘时没有按照卸货8步法操作，一次扣5分 15. 中途随意停车或长期使用半联动，扣10分		
叉车归位	15	1. 货叉未降下贴地并与地面平行，一次扣5分 2. 货叉落地重击地面，一次扣5分 3. 停车轮胎压边线，一次扣5分 4. 停车车身出边界，一次扣5分 5. 按照以下顺序进行停车：减速停车→门架回位→车轮回正→拉驻车制动→置空挡位→关闭钥匙开关→切断总电源→规范下车。以上步骤少做一步扣2分，顺序不正确扣2分 6. 操作超过6min，每超1s扣2分		

项目内容

项目六　叉车作业

项目六　叉车作业

目前，铁路、仓库、机场、码头、工厂广泛应用叉车来完成物品的装卸和搬运。无论是内燃叉车还是电动叉车，叉取货物、卸载货物和途中行驶都要经过三个作业过程，并且经常会遇到各种特殊情况下的驾驶作业，因此正确把握操作程序和工作环境特点，可以提高驾驶员对叉车的综合运用能力，确保作业质量。对于叉车日常作业，通常包括叉车叉取作业、叉车卸货作业、叉车拆码垛作业、叉车在特殊环境下的作业等几项作业内容。

任务一　叉车叉取作业

任务目标

知识目标

1. 掌握叉车叉取作业的操作程序
2. 熟悉叉车叉取作业的操作要领及注意事项

能力目标

1. 能够说出叉取作业的操作程序
2. 能够熟练进行叉取作业

托盘式货架叉车叉取及卸载操作（微课）

任务描述

叉车起步后，操作叉车驶至货堆前，操纵门架由倾斜成垂直状态；将货叉升起与货物底部空隙同高，操纵叉车慢慢向前行驶，使货叉进入货物底部；提升货叉，使货物离开货堆，并使门架及货叉后倾，以防止货物在叉车行进中掉落；倒车使叉车离开货堆，降低货叉至离地面200～400mm，然后操纵叉车行驶到新的货堆。全部取货操作程序概括起来共有八步，即驶进货垛、垂直门架、调整叉高、进叉取货、微提货叉、后倾门架、驶离货垛、调整叉高。

任务准备

为了完成上述操作，需至少准备叉车一辆，货物若干，托盘若干。

任务实施

步骤一：驶进货垛（见图6-1）

叉车起步后，操纵叉车行驶至货垛前面，进入作业位置。

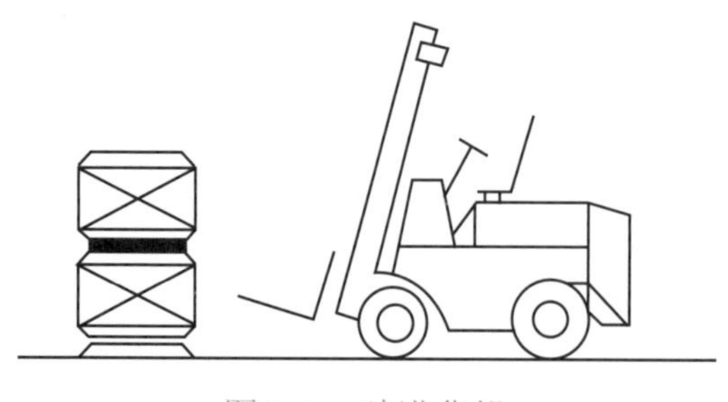

图6-1　驶进货垛

步骤二：垂直门架（见图6-2）

操纵门架倾斜操纵杆，使门架处于垂直（即货叉水平）位置。

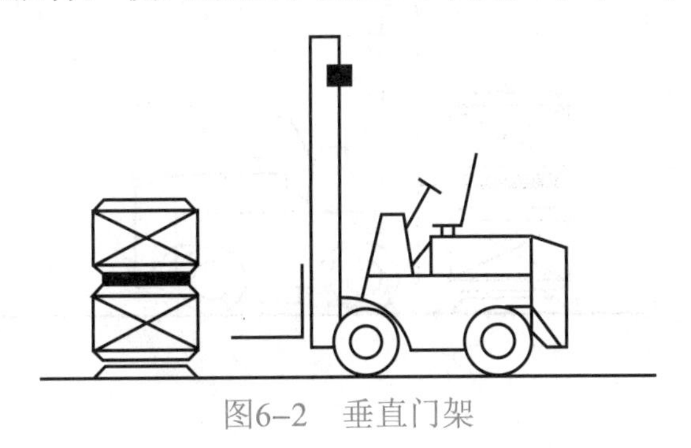

图6-2　垂直门架

步骤三：调整叉高（见图6-3）

操纵货叉升降操纵杆，调整货叉高度，使货叉与货物底部空隙同高。

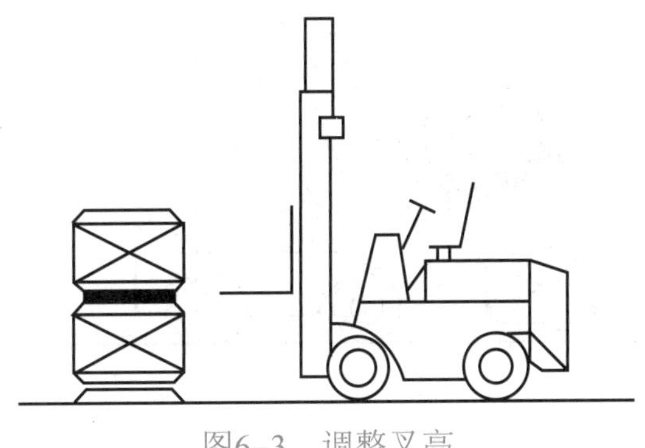

图6-3　调整叉高

步骤四：进叉取货（见图6-4）

操纵叉车缓慢向前，使货叉完全进入货物底部空隙。

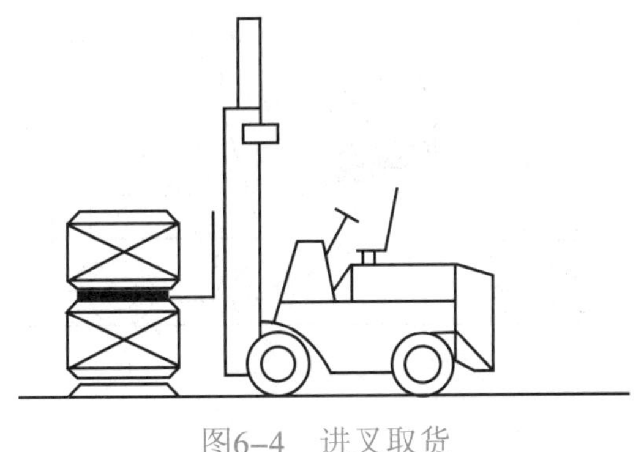

图6-4　进叉取货

步骤五：微提货叉（见图6-5）

操纵货叉升降操纵杆，使货物向上起升离开货垛。

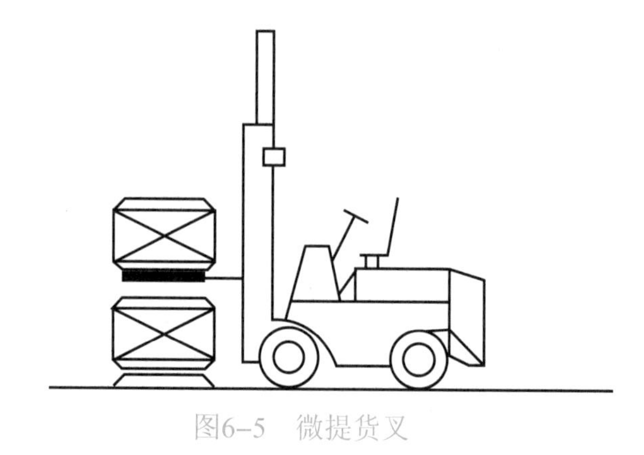

图6-5　微提货叉

步骤六：后倾门架（见图6-6）

操纵门架倾斜操纵杆，使门架后倾，防止叉车在行驶中散落货物。

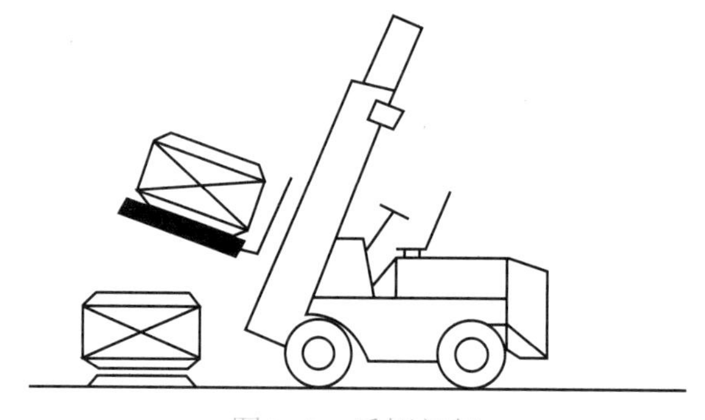

图6-6　后倾门架

步骤七：驶离货垛（见图6-7）

操纵叉车倒车，离开货垛。

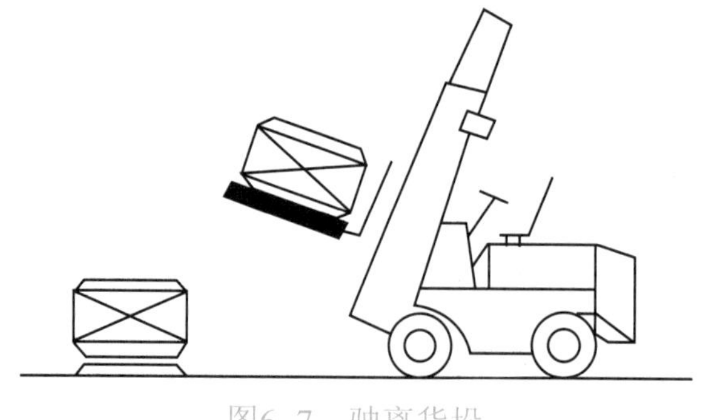

图6-7　驶离货垛

步骤八：调整叉高（见图6-8）

操纵货叉升降操纵杆，调整货叉高度，使其距地面一定高度（一般为200～400mm）。

图6-8　调整叉高

应用训练

训　练：叉车叉取训练

（1）学生分组：每组10或15人，安排一名学生为组长。

（2）教师示范：教师按照8个步骤进行驾驶示范并讲解。

（3）学生模仿：请个别学生进行操作，指出优缺点，其他学生观摩。

（4）分组对抗：学生分组轮流进行个体训练，互相指出操作缺陷。

（5）教师评价：通过学生现场操作，修正学生的操作错误，强调操作要领。

任务评价

训练项目	考核要求	配分	评分标准	得分
叉取作业	1．严格按照八步法进行操作 2．操作门架或调整叉高，要求动作连贯、一次到位 3．不允许碰撞货垛 4．货叉离地高度在200～400mm 5．门架后倾 6．货物不能散落 7．行驶过程中不可调整货叉高度	100	1．未按八步法操作，扣20分 2．货物散落，扣10分 3．未按其他操作要求做，一次扣5分	

拓展提升

叉取货物操作注意事项

（1）通过操纵杆操纵门架动作或调整叉高，要求动作连续，一次到位成功；不允许反复多次调整，以提高作业效率。

（2）进叉取货过程中，可以通过离合器（或空档）控制进叉速度（但不能停车），避免碰撞货垛。取货要到位，即货物一侧应贴上叉架（或货叉垂直段），同时方向要正，不能偏斜，以防止货物散落。

（3）进叉取货时，叉高要适当，禁止刮碰货物。

（4）叉货行驶时，门架一般应在后倾位置。在叉取某些特殊货物时，门架后倾反而不利，也应使门架处于垂直位置。任何情况下，都禁止重载叉车在门架前倾状态下行驶。

任务二　叉车卸货作业

任务目标

知识目标

1. 掌握叉车卸货作业的操作程序
2. 熟悉叉车卸货作业的操作要领及注意事项

能力目标

1. 能够说出卸货物作业的操作程序
2. 能够熟练进行卸货作业

任务描述

叉车叉取货物后行驶到新的货堆前面，起升货叉使其超过货堆的高度；操纵叉车慢慢驶向新的货堆，并使叉取的货物对准新堆的上方，使门架向前垂直；这时操纵货叉慢慢下降，使叉取的货物放于新货堆上，并使货叉离开货物底部；操纵叉车倒车离开货堆，后倾门架，降低货叉。全部卸货操作程序概括起来共有以下八步：驶近货位、调整叉高、进车对位、垂直门架、落叉卸货、退车抽叉、后倾门架、调整叉高。

任务准备

为了完成上述任务，需至少准备叉车一辆，货物若干，托盘若干。

任务实施

步骤一：驶近货位（见图6-9）

叉车叉取货物后行驶到卸货位置，准备卸货。

图6-9　驶近货位

步骤二：调整叉高（见图6-10）

操纵货叉升降操纵杆，使货叉起升（或下降），超过货垛（或货位）高度。

图6-10　调整叉高

步骤三：进车对位（见图6-11）

操纵叉车继续向前，使货物位于货垛（或货位）的上方，并与之对正。

图6-11　进车对位

步骤四：垂直门架（见图6-12）

操纵门架操纵杆，使门架向前处于垂直位置。

图6-12　垂直门架

步骤五：落叉卸货（见图6-13）

操纵货叉升降操纵杆，使货叉慢慢下降，将所叉货物放于货垛（或货位）上，并使货叉离开货物底部。

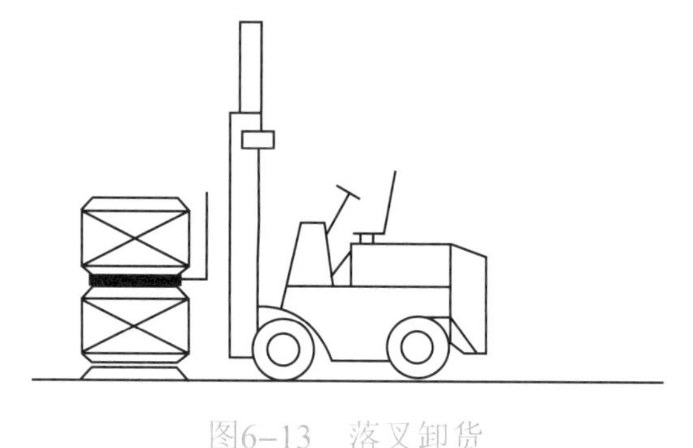

图6-13　落叉卸货

步骤六：退车抽叉（见图6-14）

叉车起步后倒，慢慢离开货垛。

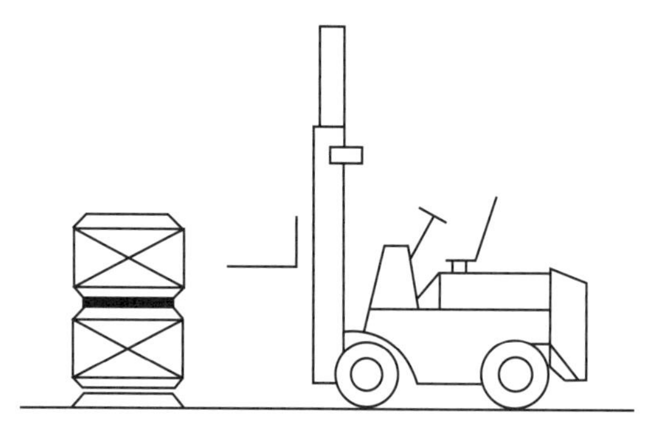

图6-14　退车抽叉

步骤七：后倾门架（见图6-15）

操纵门架向后倾斜。

图6-15　后倾门架

步骤八：调整叉高（见图6-16）

操纵货叉起升或下降至正常高度，驶离货堆。

图6-16　调整叉高

应用训练

训　练：叉车卸货训练

（1）学生分组：每组10或15人，安排一名学生为组长。

（2）教师示范：按照8个步骤进行示范，做到操作与讲解同步。

（3）学生模仿：请个别学生模仿，指出优缺点，其他学生观摩。

（4）分组对抗：学生分组轮流进行个别训练，互相指出操作缺陷。

（5）教师评价：通过学生现场操作，修正学生的操作错误，强调操作要领。

任务评价

训练项目	考核要求	配分	评分标准	得分
卸货作业	1．严格按照八步法进行操作 2．操作门架或调整叉高，要求动作连贯、一次到位 3．不允许碰撞、拖拉货物 4．叉齿离地高度在200～400mm 5．不允许打死方向 6．货物不能散落 7．行驶过程中不能调整货叉高度	100	1．未按八步法操作，扣20分 2．货物散落，扣10分 3．未按其他操作要求做，一次扣5分	

拓展提升

叉车卸货作业操作注意事项

（1）通过操纵杆操纵门架动作或调整叉高，动作要柔和，速度要慢，以防止货物散落；同时动作要连续，一次到位成功，不允许反复多次调整，以提高作业效率。

（2）对准货位时速度要慢（可用半联动控制），但不能停车。禁止打死方向，左、右位置不偏不斜。前后不能完全对齐，要留出适当距离，以防在垂直门架时货叉前移而不能对正货堆。

（3）垂直门架一定要在对准货位以后进行，保证叉车在门架后倾状态下移动。

（4）落叉卸货后抽出货叉，货叉高度要适当，禁止拖拉、刮碰货物。

任务三　叉车拆码垛作业

任务目标

知识目标

1. 掌握叉车拆码垛作业的操作程序
2. 熟悉叉车拆码垛作业的操作要领及注意事项

能力目标

1. 能够说出拆码垛作业的操作程序
2. 能够熟练进行拆码垛作业

任务描述

叉车拆码垛作业是指叉取货物和卸下货物，有时还与短途运输相结合，同时还要求堆码整齐。该作业要求的标准更高，难度更大，是叉车驾驶员综合操作技能的反映。码垛，这是一个看似简单，其实技术含量较高的任务。学生所要做的是把一个个特殊的托盘（一个大托盘，四角有4根直立的钢管）给叠加起来。该任务实行累叠制。在一定的时间内谁叠得越高，得分越高。如果在搬运过程中四角的钢管有倒落现象，选手可以自行下车将钢管扶正（在此过程中比赛计时不终止）。如果托盘倒塌即挑战失败。拆垛作业则是把码垛上的托盘一个个地卸到指定位置，搬运过程中托盘四角钢管掉落可以扶正，在一定的时间内谁卸得越多，得分就越高。

任务准备

为了完成上述操作，需至少准备叉车一辆，托盘若干，钢管若干。

任务实施

步骤一：熟悉操作要求

（1）叉车的起步、换挡、离合器、加速踏板的使用等要符合有关规定。

（2）叉车拆码垛动作要按取货和卸货程序进行。当动作熟练后，有些动作可以连续进行，而不必停车。

（3）在近距离范围内连续作业时，放货后的最后两个动作（即后倾门架和调整叉高），可视具体情况决定是否实施。

（4）叉车在取货后倒出货位或卸货前对准货位，货叉稍抬起，不能顶撞、拖拉，要防止刮碰两侧货垛。

（5）每次堆码的货物上下、各面均要对齐，相差不能超过50mm。码放完毕，叉车停在起止线处，且要按规定停放。

步骤二：注意操作事项

（1）叉车作业，不论是装货还是卸货，都必须重复完成叉货、卸货两个基本程序的动作要求。

（2）一定要由慢到快，循序渐进，养成良好的操作习惯。

（3）要特别注意行驶速度与操纵动作的协调、操作动作与制动动作的配合。

（4）严禁超载，同时要控制起升和下降速度。

应用训练

训练一：码垛作业训练

（1）学生分组：每组10或15人，安排一名学生为组长。

（2）教师示范：按照8个步骤示范码垛作业，做到操作与讲解同步。

（3）学生模仿：请个别学生模仿，指出码垛作业优缺点，其他学生观摩。

（4）分组对抗：学生分组轮流进行个别训练，互相指出操作缺陷。

（5）教师评价：通过学生现场操作，修正学生的操作错误，强调操作要领。

训练二：拆垛作业训练

（1）学生分组：每组10或15人，安排一名学生为组长。

（2）教师示范：按照8个步骤示范拆垛作业，做到操作与讲解同步。

（3）学生模仿：请个别学生模仿，指出优缺点，其他学生观摩。

（4）分组对抗：学生分组轮流进行个别训练，学生可以互相指出操作缺陷。

（5）教师评价：通过学生现场操作，修正学生的操作错误，强调操作要领。

任务评价

训练项目	考核要求	配分	评分标准	得分
拆码垛作业	1. 严格按照八步法进行操作 2. 钢管不能掉落 3. 不允许碰撞、拖拉托盘 4. 货叉离地高度在200～400mm 5. 行驶过程中不能调整货叉高度	100	1. 未按八步法操作，扣10分 2. 钢管掉落一根，扣5分 3. 未按其他操作要求做，一次扣2分	

任务四　叉车在特殊环境下的作业

任务目标

知识目标

1. 掌握光线不足、低温、高温、高湿、高原等特殊环境的作业要领
2. 熟悉光线不足、低温、高温、高湿、高原等特殊环境的使用特点

能力目标

1. 会进行光线不足、低温、高温、高湿、高原等特殊环境的日常操作
2. 能够叙述光线不足、低温、高温、高湿、高原等特殊环境的使用特点

任务描述

叉车通常是在货场内、货棚内、站台上、库房内驾驶和进行装卸作业，但是由于作业环境、条件的差异，如寒冷的冬天、酷暑的夏天、坡道以及高低不平的路面等，所以对叉车驾驶、作业的要求有所不同。这就要求驾驶员了解特殊环境

的使用特点及作业注意事项，要能在光线不足、高低温、危险等特殊条件下熟练操作叉车。

任务准备

为了完成上述任务，需至少准备叉车一辆，托盘若干，钢管若干，以及一些特殊的操作环境。

任务实施

步骤一：光线不足环境下的作业

1. 光线不足环境下的作业特点

（1）微光照射范围和能见度有限，驾驶员视线受到约束，加之叉车晃动，货物尺寸大小不一、质量不同，使得看清道路、场地和货物情况比较困难，甚至会造成错觉。

（2）光线不足时，驾驶员的视力下降，精神高度紧张，极易疲劳或出现判断及操作失误。

（3）光线不足时作业，驾驶员的观察能力和分辨能力降低，容易出现差错，损坏机件和货物，甚至发生事故。

2. 作业前的准备

（1）作业前，要注意适当休息，以保持精力充沛。

（2）应尽可能了解作业场地和货物情况，做到心中有数。

（3）认真检查叉车状况，尤其是照明设备、安全设备和操纵装置。

（4）分类存放物资，设立夜间识别标志，采取多种方法提高作业效率。

（5）光线不足时，要密切协作，平时加强适应性训练。

3. 作业注意事项

（1）夜间长时间作业，如有昏迷瞌睡的预感，应立即停车进行短暂休息，或下车做些活动振作精神，切忌勉强行驶和作业。

（2）作业时期，要随时注意观察发动机冷却液温度表、电流表、液压表、油温表等，如发现异常，应立即停车检查并排除故障。

（3）叉装物资时，虽然有载荷曲线可参考，但所装物资并不是都有明确重量的。因此，驾驶员一定要时时防止超载，注意听发动机的声音变化。当操纵操作手柄时，安全阀发出“嘶嘶”声响而货物不动，则意味着严重超重，应停止操作，防止发生倾翻事故。

（4）装卸作业前，要根据货物数量选定装卸场，在场地周围、货垛处设立各种标记，并确定叉车的行驶路线，做到快装、快卸、快离现场。

（5）装卸作业中，严禁一切人员在货叉下停留，不得在货叉上乘人起升。起吊货物、起步行走时应先鸣号。严禁作业中调整机件或进行保养检修工作。

（6）载货运行时，货叉应离地面200～400mm，不得紧急制动和急转弯，严禁载人行驶。

步骤二：低温环境下的作业

1. 低温环境下的作业特点

（1）由于天气寒冷，叉车驾驶员工作中操作不便、容易简化作业程序，并且穿戴较多，上下车容易造成磕碰。

（2）严寒季节风大、雾多、下雪结冰，影响驾驶员视觉，并且由于路面冰冻积雪，附着力降低，车轮容易发生侧滑和打滑现象。特别是制动停车距离较长，给驾驶员的安全操作带来困难。

（3）低温条件下，叉车经济性明显下降，燃料消耗增加。

（4）在低温条件下，叉车上的金属、橡胶制品等材料都有变脆的倾向，机件和轮胎等容易损坏。

（5）低温条件下，气温较低，油脂黏度较大，燃油汽化性能较差，发动机起动困难。特别是露天存放以及在车库采暖较差的条件下存放的叉车，驱动桥、变速器以及发动机内的润滑油脂黏度很大，因而增加了运行阻力，降低了工作效率。

2. 作业注意事项

（1）进入防寒期前，提前做好叉车换季保养工作，发动机及底盘各有关部位采用寒区润滑油，运行初期要缓慢加速。

（2）叉车运行中，应采取各种措施保持发动机的正常工作温度。

（3）露天存放的叉车，应放净冷却液或加注防冻液，以免冻裂发动机。

（4）经常清洗汽油箱、汽油滤清器、化油器、液压油箱等，防止有水结冰。

（5）叉车行驶时禁止急转弯、紧急制动。冰雪天气在坡道上行驶或场地作业时，要采取铺垫炉灰、草片等防滑措施。

（6）冷机起动时，由于机油黏度大，流动性差，各运动零件之间润滑油膜不足，起动后会产生半液体摩擦甚至干摩擦。同时由于气温低，汽油不能充分燃烧，冲淡气缸壁上的润滑油，使润滑油的润滑效能降低，加剧发动机机件的磨损，缩短发动机的使用寿命。所以，在严寒季节采暖条件不良的情况下应进行预热，且一般采用加注热水的方法，以提高叉车发动机的温度。

步骤三：高温、高湿环境下的作业

1. 高温、高湿环境下作业的特点

气温较高、天气炎热会给驾驶员的安全作业带来很大的影响。

（1）高温下发动机散热性能变差，温度易过高，使其动力性、经济性变差。

（2）容易产生水箱“开锅”、燃料供给系统气阻、蓄电池“亏液”、液压制动因皮碗膨胀变形而失灵、轮胎的气压随着外界气温升高而发生爆破等现象。

（3）高温、高湿条件下，叉车各部位的润滑油容易变稀，润滑性能下降，造成大负荷时机件磨损加剧。

（4）由于气温较高，再加上蚊虫叮咬，驾驶员睡眠受到影响，因而工作中容易出现精神疲倦及中暑现象，不利于作业安全。

（5）雷雨天气较多，因路面、装卸场地有水，附着力降低，容易侧滑，影响叉车、人员、货物安全。

2. 作业注意事项

（1）进入防暑期前，提前做好准备，放出发动机、驱动桥、变速器、转向机等处的冬季润滑油脂，清洗后按规定加注夏季润滑油脂。

（2）清洗水道，清除冷却系统中的水垢，疏通散热器的散热片。经常检查风扇传动带的松紧度。

（3）适当调整发动机调节器，减小发电机的充电电流。

（4）调整蓄电池电解液密度，并疏通蓄电池盖上的通气孔，保持电解液高出隔板10～15mm，视情况加注蒸馏水。

（5）要经常检查轮胎的温度和气压，必要时应停于阴凉处，待胎温降低后再继续作业，不得采用放气或浇冷水的办法降压降温，以免降低轮胎使用寿命。

（6）要经常检查制动效能，以防止因制动总泵或分泵皮碗老化、膨胀变形和制动液汽化造成制动失灵的故障。

（7）作业前要保证充分睡眠，保持精力充沛。如作业中感到精神倦怠、昏

沉、反应迟钝等，应立即停车休息，或用冷水擦脸振作精神，以确保行车、作业安全。

（8）作业中注意防止发动机过热，随时注意冷却液温度表的指示读数，如果冷却液温度过高，要采取降温措施。要保持冷却液的数量，添加时要注意防止冷却液沸腾造成烫伤。

（9）做好防暑降温工作，防止中暑。

步骤四：高原环境下的作业

1. 高原环境下的作业特点

我国高原地区主要指西北高原和西南高原，海拔多在2 000～4 000m，大气压低，气温变化大，风雪多。尤其是大气压低最为突出，对叉车使用性能的影响也最大。

（1）海拔高、气压低，空气密度小，使发动机充气量不足，功率下降，动力性和经济性变差。

（2）海拔高、气压低，水的沸点也低。叉车长时间工作，容易出现冷却液沸腾、发动机温度升高现象，影响叉车的使用。

（3）海拔高、气压低，使轮胎气压相对变高，容易爆裂损坏。

（4）液压制动的内燃叉车，在高原使用醇型制动液，制动管路常发生气阻现象，致使制动失灵，易发生事故。

（5）海拔高、空气稀薄缺氧，驾驶员易产生高原反应，出现乏力、眩晕、头痛、恶心等症状；气候多变、温差大，容易引起冻伤、感冒等疾病，对安全行车和作业带来不利影响。

2. 改善使用性能应采取的措施

（1）改善发动机动力性和经济性，通常采用的方法是调整点火正时。将分电器点火提前角适当提前，一般比平原地区提前2°～3°。

（2）加强水冷却系统的密封，使冷却液的沸点提高，避免过早溢出。

（3）在高原行驶、作业的叉车，适当调低轮胎气压。

（4）矿用型制动液具有制动压力传递快、制动效果好、不易挥发变稠等特点，适合高原叉车使用，但使用矿物油型制动液必须同时更换耐矿物油的橡胶皮碗。

3. 作业注意事项

（1）由于海拔高、空气稀薄，气候冷热变化大，人员要注意休息，夏季注意防晒，冬季注意保温。

（2）高原的冬季特别寒冷，一定要做好保温与防冻工作。

（3）叉车行驶、作业时，要注意观察发动机温度，避免发动机温度过高或过低。

（4）尽量减少户外作业时间，必须工作时要缩短时间、提高效率。

应用训练

训　练：特殊环境作业训练

步骤一：学生用自己的语言概括特殊环境作业的特点及注意事项，并写入表6-1中。

表6-1　特殊环境作业特点及注意事项对比表

作业环境	环境特点	作业特点
光线不足		
低温		
高温、高湿		
高原		

步骤二：根据学校的实际情况，选择其中一种特殊环境进行作业训练。

任务评价

训练项目	考核要求	配　分	评分标准	得　分	总　分
特殊环境作业训练	环境特点概括完整 作业特点描述准确	50	环境特点是否概括完整，缺少一项扣2分 作业特点描述是否准确，缺少一项扣2分		
	按照叉车驾驶及作业操作规程操作	50	未按操作规程操作，一项扣1分		

任务五　多层作业训练

任务目标

知识目标

1. 掌握叉车工作装置的操作要求
2. 熟悉叉车多层作业的操作要领及注意事项

能力目标

1. 能够熟练进行多层货箱拆垛叉取
2. 能够熟练进行货箱起运
3. 能够熟练在多层货架上进行货箱定位卸放
4. 能够熟练在多层货架上进行取货堆垛

任务描述

根据叉车多层作业场地路线示意图（见图6-17）进行实际场地布置，然后按照布置好的场地路线完成多层作业操作。

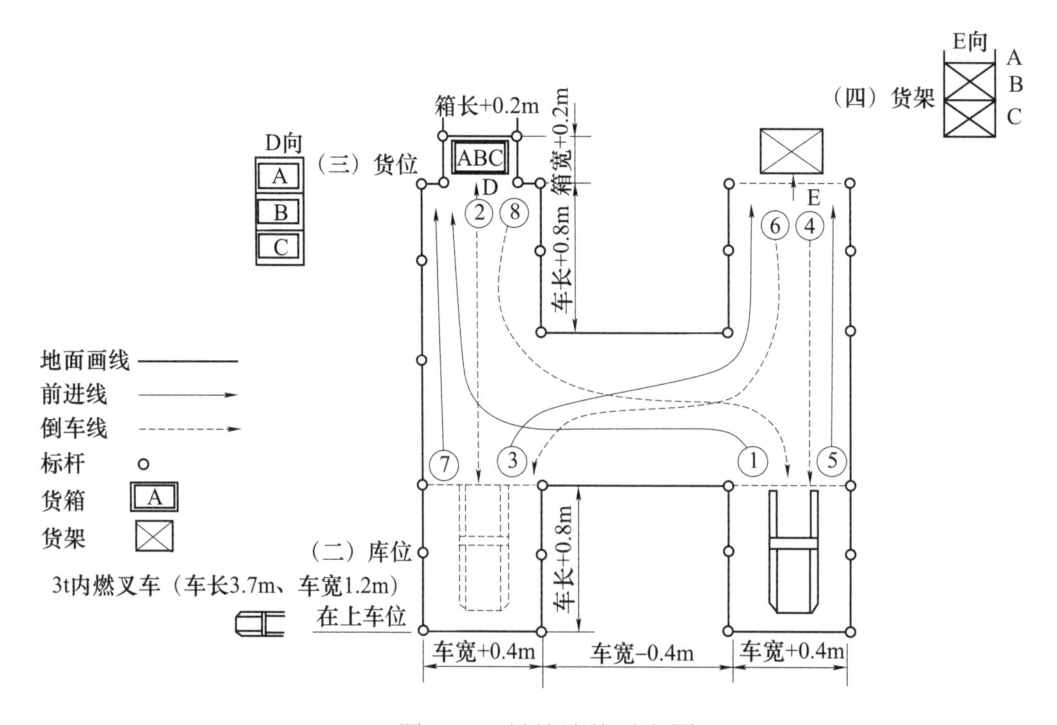

图6-17　场地路线示意图

任务准备

完成以上任务，需准备以下设备及工具：

1. 货架一组（长1.5m，宽1.2m，高2.2m）。
2. 货箱三个（长0.9m，宽0.8m，高0.6m），每个货箱质量为250kg。
3. 画线工具（卷尺1把，油漆1桶，刷子1把）。
4. 标杆若干。
5. 叉车一辆。

任务实施

步骤一：按操作程序进行操作

按①→②→③→④将（三）货位A货箱拆垛移至（四）货架B位，重复路线将（三）货位B货箱拆垛移至（四）货架A位；然后分别按 ⑤→⑥→⑦→⑧将（四）货架B、A货箱起运至（三）货位堆垛。

步骤二：操作要求及注意事项

（1）按规定程序规范驾驶和操纵工作装置。

（2）准确叉取货箱，平稳起运货箱。

（3）准确定位和安全卸放货箱。

（4）按规定线路完成多层作业操作。

（5）多层作业操作符合安全第一原则。

应用训练

训　练：多层作业训练

（1）学生分组：每组10或15人，安排一名学生为组长。

（2）教师示范：教师按照操作程序和规范进行驾驶示范并讲解。

（3）学生模仿：请个别学生进行操作，指出优缺点，其他学生观摩。

（4）分组对抗：学生轮流进行个体训练，互相指出操作缺陷。

（5）教师评价：通过学生现场操作，修正学生的操作错误，强调操作要领。

任务评价

评价项目	配分	评价标准	得分	总分
工作装置操作	20	正确规范操纵工作装置 起步时货叉离地高度在200～400mm 起步时门架后倾 起步时起升货叉		
多层货箱拆垛叉取	20	货箱准确叉取，一次操作完成 叉取时，货叉不能碰撞货箱		
货箱起运	20	平稳顺畅完成货箱起运 起运时货箱离地高度在200～400mm 行驶中不能压线、擦桩 行驶中不能出线、倒桩、移桩或使货箱移翻		
在多层货架上进行货箱定位卸放	20	货箱准确定位和卸放，一次操作完成 货箱不能侧翻或碰撞货架		
在多层货架上进行取货堆垛	20	准确叉取货箱和堆垛，一次操作完成 叉取时，货叉不能碰撞货箱、货架或使货箱侧翻		

任务六　叉车作业基本技能综合训练

小提示

本节有“实操”视频资源，详见本书配套资源包。

任务目标

知识目标

1. 掌握起步准备、叉运货物、货物上架、货物移库、入库停车的基本规范
2. 熟悉带货绕桩、托盘码垛的操作要领

能力目标

1. 能够熟练进行托盘码垛操作
2. 能够熟练进行带货绕桩操作
3. 能够熟练货物上架及移库操作

实操1训练（视频）

任务描述

学生根据规定的场地路线示意图（见图6–18）完成各项操作，主要操作内容包括：起步准备、叉运货物、带货绕桩、货物上架、货物移库、窄通道、托盘码垛、入库停车等。

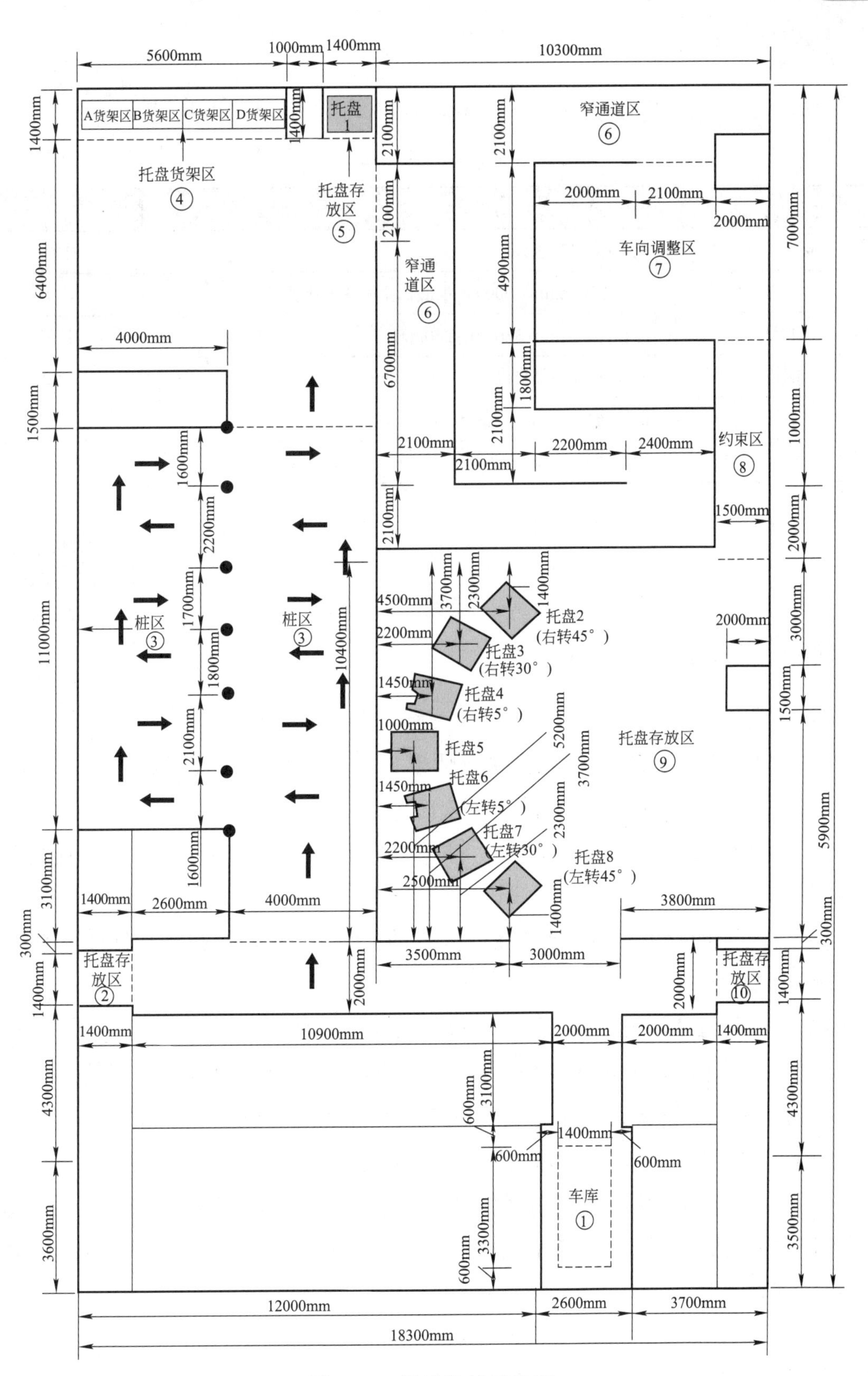

图6–18　场地路线示意图

任务准备

完成以上任务，需准备的设备，见表6–2。

表6–2 设备表

名称	规格要求	数量
电动叉车	龙工LG16B电动叉车	1辆
托盘	标准1 200mm×1 000mm单面川字底木制托盘	若干
纸箱	外径：285mm×380mm×260mm	若干
钢管	外径5cm，壁厚3.5mm，高13.3cm	32个
绕杆	钢管直径2.5cm，底座直径10cm，杆高150cm	6个
线边杆	钢管直径2.5cm，底座直径6.5cm，杆高50cm	360个

任务实施

实操2训练
（视频）

步骤一：说明操作时限

操作时限为12min。

步骤二：介绍操作程序

（1）学生准备就绪后，举手向教师报告“检查正常，请求比赛”，教师鸣哨、举旗示意后开始比赛，然后教师开始计时。

（2）按要求登车、鸣笛、起步，将叉车从车库①驶出，沿通道驶向托盘存放区②；将一托盘货物叉起，沿路线进入绕桩区③。

（3）按规定的路线正向通过绕桩区③的6个柱后进入托盘货架区④，将托盘放到货位A2上。

（4）将货位D3的托盘取下，移至货位B2上。

（5）从托盘存放区⑤叉取托盘1后（托盘四角上分别放置一个钢管），载货通过窄通道区⑥，正向通过窄通道进入车向调整区⑦，在车向调整区⑦调整车向后，倒车通过约束区⑧，将托盘放置托盘存放区⑩。

（6）学生回到托盘存放区⑨，将托盘2至托盘8（托盘2至托盘8的四角上分别放置一个钢管）按顺序转移放置到托盘存放区⑩的托盘上，在操作限定时间内放置的数量越多，得分越高。

（7）在规定时间内完成全部操作后，学生调整方向倒行回到车库①；叉车停稳下车后，举手报告操作完毕，教师鸣哨计时终止，操作结束。

步骤三：强调全路线操作注意事项

（1）训练之前学生需在指定安全地点等候，待教师允许后才可以进入场地训练。

（2）进场后必须对叉车门架、仪表、前后轮胎进行巡检，并向教师报告检查结果。准备就绪后，举手向教师报告“检查正常，请求比赛”，教师鸣哨、举旗示意后开始操作。

（3）操作过程中若遇设备故障或其他问题，学生可向教师请示，经教师同意后可暂停比赛，停止计时；待问题解决后继续比赛，继续计时。

（4）学生在操作过程中若出现严重操作失误，教师有权终止比赛，比赛成绩为0分；学生在操作过程中放弃比赛，操作成绩为0分。

（5）操作过程中，学生必须按流程完成比赛内容，不得跨流程操作，否则教师有权终止训练。

（6）在带货绕桩、上架、移库和叉运托盘1至托盘8的过程中，如果出现货物和钢管移位、掉落或倒桩，学生必须将叉车安全放置后下车重新摆放，继续后项操作；在码垛过程中，一旦出现倒坍，则操作终止，以码垛完的最高层数计分，操作速度的成绩为0分。

（7）达到操作时限时，教师宣布比赛结束，学生不得以任何理由拖延时间，应及时退出操作场地。

应用训练

训练一：单项训练

教师把整个路线进行分解，分为以下8个单项：

（1）起步准备训练。

（2）叉运货物训练。

（3）带货绕桩训练。

（4）货物上架训练。

（5）货物移库训练。

（6）窄通道训练。

（7）托盘码垛训练。

（8）入库停车训练。

训练二：全路线综合训练

根据图6-18进行全路线训练，做到快、准、稳。

（1）学生分组：每组10或15人，安排一名学生为组长。

（2）教师示范：教师按照操作程序和规范进行驾驶示范并讲解。

（3）学生模仿：请个别学生进行操作，指出优缺点，其他学生观摩。

（4）分组对抗：学生轮流进行个体训练，互相指出操作缺陷。

（5）教师评价：通过学生现场操作，修正学生的操作错误，强调操作要领。

任务评价

评价项目	配分	评分标准	得分	总分
规范上车	1	左手扶安全把手，右手扶座椅，左脚蹬踏，正确系上安全带和佩戴安全帽（以上步骤少做一步扣0.2分）		
规范起步	1	闭合方向开关，鸣笛，松开驻车制动，门架后仰（以上步骤少做一步或者操作顺序错误一次扣0.2分）		
规范停车下车	1	门架回正，货叉落地，操作手柄回位（置于空挡位），电锁回位，驻车制动拉紧，总闸关闭，规范下车（以上步骤少做一步或者操作顺序错误一次扣0.2分）		
货叉离地距离（叉车行驶时）	1	叉车在行驶时，货叉离地距离不在200～400mm（按发生次数计数，发生一次扣0.2分）		
紧急制动	5	除紧急情况外，使用紧急制动		
叉车撞到边线杆	3	叉车撞到边线杆（一次扣0.5分）		
叉车与其他设备设施发生剐蹭或碰撞	5	叉车与其他设备设施发生剐蹭或碰撞，包括托盘、货物、线边杆、货架等（一次扣0.5分）		
规范叉取货物	8	未按取货八步（驶进货位、垂直门架、调整叉高、进叉取货、微提货叉、后倾门架、驶离货位、调整叉高）要求进行叉取货物，扣8分		
规范卸载货物	8	未按卸载八步（驶进货位、调整叉高、进车对位、垂直门架、落叉卸货、退车抽叉、后倾门架、调整叉高）进行卸载货物，扣8分		
轮胎离地	10	前进中紧急制动，轮胎离地，弯道行驶，轮胎离地，扣10分		
起步前规范巡检	1	没有按绕车巡检要求进行检查，检查项目为门架、仪表、前后轮胎（选手遗漏项目或没有把检查项目向裁判报告，一次扣0.2分）		

（续）

评价项目	配分	评分标准	得分	总分
起步前报告	1	检查完毕后，选手没有坐在车上向裁判举手报告就起步（按发生次数计算，一次扣0.2分）		
叉车停在指定区域内	1	入库停车时，叉车超出定位线（按发生次数计数，一次扣0.2分）		
入库停车后报告	1	规范下车，举手报告操作完毕（按发生次数计数，一次扣0.2分）		
叉取货物	5	叉取货物未能一次成功（按调整次数计数，一次扣0.5分）		
货物有无掉落	8	货物掉落（按货物掉落的箱数计数，每一箱扣1分）		
叉车碰桩（桩杆未倒）	3	叉车碰桩，但没有发生倒桩（按发生次数计数，一次扣0.3分）		
叉车撞桩（桩杆撞倒）	5	叉车撞桩，发生倒桩（按发生次数计数，一次扣0.5分）		
倒桩后停车处理	5	倒桩后没有停车处理（按发生次数计数，一次扣0.2分）		
托盘按要求入货位	4	前后和左右超出规定的位置（按发生次数计数，前后和左右分两次计数，一次扣0.2分）		
出入货位调整次数	1	出入货位调整次数（按发生次数计数，一次扣0.1分）		
入库货位准确	3	入库货位不是为A2，或者未完成本阶段作业（按发生次数计数，一次扣0.2分）		
移库货位准确	4	移库货位不是从D3到B2，或者未完成本阶段作业（按发生次数计数，一次扣0.5分）		
钢管有无掉落	5	钢管掉落发生的次数（行车过程中，发生钢管掉落不计个数，按发生次数计数，一次扣0.5分）		
已堆码托盘上的钢管有无掉落	5	托盘未倒跺时，已堆码托盘上的钢管掉落的个数（按钢管掉落的个数计数，一个扣0.1分）		
货叉是否直接从还没码垛的托盘上越过	5	货叉直接从还没码垛的托盘上越过（按越过的未码垛的托盘数计数，一个扣0.2分）		

项目内容

项目七　诊断与排除叉车常见故障

项目七　诊断与排除叉车常见故障

在工业快速发展的今天，叉车是物料搬运的主力军，在操作过程中可能会出现一些故障，驾驶人员学习一些常见故障的排除方法就很有必要。本项目详细地介绍了诊断与排除叉车使用过程中常见的一些故障，如诊断与排除柴油发动机常见故障、诊断与排除汽油发动机常见故障、诊断与排除叉车驱动系统常见故障、诊断与排除叉车转向系统常见故障、诊断与排除液压系统常见故障等。

任务一　诊断与排除柴油发动机常见故障

任务目标

知识目标

1. 了解柴油发动机常见故障
2. 熟悉引发柴油发动机常见故障的原因

能力目标

1. 能熟练根据现象正确诊断和分析故障
2. 能掌握简单排除故障的方法

任务描述

柴油发动机是柴油叉车的心脏，在使用过程中可能会出现一些故障，如发动机烟色不正常、发动机异响、发动机起动困难等，如何来分析这些故障形成的原因、找出诊断与排除方法非常重要。

任务准备

为了完成上述操作，需准备柴油发动机一台，拆卸工具若干。

任务实施

步骤一：诊断与排除发动机不正常烟色

1. 发动机排气管冒黑烟

这是由于柴油未完全燃烧而产生的黑色炭粒混在废气中引起的。

（1）若因发动机负荷过大引起，则减轻负荷，不使发动机长时间超负荷工作。

（2）若因空气滤清器堵塞，进气量少，氧气供应不足引起，则对进气系统和滤清器进行保养，更换滤芯。

（3）若喷油器雾化不良，喷油压力过低或有严重的漏油现象，则调整和更换喷油器。

（4）若供油提前角太小致使供油过晚，则按规定调整供油提前角。

（5）若喷油泵供油太多，则调整喷油泵。

2. 发动机排气管冒蓝烟

这是由于燃烧室内进入了过量的机油而引起的，俗称烧机油。

（1）若因机油过多引起的，则排放出油底壳中多余的机油，使油面保持合适的高度。

（2）若因油环刮油作用失效引起的，则清洗或更换油环，重新安装活塞环。

（3）若因活塞与缸套配合副磨损严重引起的，则更换活塞和缸套。

（4）若因油浴式空滤器盛油过多引起的，则倒出空气滤清器底壳中多余的机油。

3. 发动机排气管冒白烟

发动机排气管冒白烟是一种常见的现象。第一种情况是气温较低时，刚起动的发动机转速低易排放白烟（主要是水汽），当转速正常时会逐渐消除，此种情况不属于故障。第二种情况是由于冷却水道及密封部件的损坏，造成冷却水窜入燃油供给系统（或油底壳），然后到达燃烧室，同废气一起排出，形成白色烟雾。第三种情况是既没燃烧又没汽化了的小颗粒的雾化柴油。

（1）若因气缸盖螺母松动，气缸垫损坏引起的，则更换已损坏部件，按规定拧紧气缸盖螺母。

（2）若因气缸盖、气缸套、气缸体出现裂纹等，使冷却水窜入气缸引起的，则检查渗漏处，更换已损坏部件。

（3）若因柴油中含水引起的，则更换合格的柴油。

（4）若因供油提前角不准确引起的，则调整供油提前角。

（5）若因气门间隙不准引起的，则调整气门间隙。

（6）若因喷油器、喷油泵偶件磨损严重引起的，则对喷油泵、喷油器偶件进行研磨、选配或更换。

（7）若因气缸压缩压力不足（气门与气门座、活塞环，活塞与气缸套的配合副或气缸垫漏气）引起的，则检查诊断维修。

步骤二：诊断与排除发动机异响

这是由于不正常燃烧爆发而产生的敲击声或不正常的运转而产生的撞击声。

（1）若因喷油时间过早，发动机工作粗暴引起敲缸，则增减喷油泵垫片，调整供油时间。

（2）若因喷油时间过晚，过后燃烧会引起排气管的放炮声，则增减喷油泵垫片，调整供油时间。

（3）若因喷油器滴油，响声无一定规律，有时出现敲击声，有时出现放炮声，则清洗、研磨或更换新件。

（4）若因气门间隙太大或太小引起的，则检查调整间隙。

（5）若因活塞环侧向间隙过大引起的，则更换新件。

（6）若因连杆铜套间隙过大引起的，则检查连杆与铜套配合副或更换新件。

（7）若因轴瓦间隙过大引起的，则检查曲轴与轴瓦配合副或更换新件。

（8）若因活塞与气缸套间隙过大引起的，则检查活塞与气缸套配合副或更换新件。

（9）若因平衡轴轴承松动引起的，则检查平衡轴与轴瓦配合副或更换新件。

（10）若因齿轮啮合间隙过大引起的，则调整配合间隙或更换新件。

（11）其他偶发原因。

步骤三：诊断与排除发动机起动困难

1. 发动机冬季起动困难的诊断与排除

发动机的起动不仅决定于本身的技术状况，还受外界气温的影响。

（1）冬季低温下起动困难的主要原因。

1）冬季气候寒冷，环境温度低，机油黏度增大，各运动机件的摩擦阻力增加，使起动转速降低，难以起动。

2）蓄电池容量随温度下降而减少，使起动转速进一步降低。

3）由于起动转速降低，压缩空气渗漏增多，气缸壁散热量增大，致使压缩终了时空气的温度和压力大为降低，使柴油发火的延迟期增长，严重时甚至不能燃烧。

4）低温下的柴油黏度增大，使喷射速度降低，加上空气在压缩终了时的旋流速度、温度和压力都比较低，使喷入气缸的柴油雾化质量变差，难以与空气迅速形成良好的可燃气体并及时发火燃烧，甚至不能着火，导致起动困难。

（2）诊断与排除方法。

1）要有足够的起动转速。起动转速高，气缸内的气体渗漏量少，压缩空气向气缸壁传热的时间短，热量损失少，使压缩终了时的气体温度和压力得以提高。一般要求转速在100r/min以上。

2）气缸的密封性要好。这可进一步减少漏气量，保证压缩终了时气体有足够的燃烧温度和压力，气缸的压缩压力不得低于标准值的80%。

3）要求发动机相对于运转机件之间的配合间隙适当，且润滑良好。

4）蓄电池要有足够的起动电容量，且起动电路的技术状况正常。

5）起动油量符合规定，喷射质量良好，且喷油提前角要符合要求。

6）使用符合要求的燃料。

2. 发动机起动时曲轴不能转动的诊断与排除

发动机起动时，在起动系统完好的情况下，若变速器置于空挡位置，按起动开关，起动机有响声而曲轴不能转动，则属于机械故障。

（1）引起发动机曲轴不能转动的原因。

1）起动机与飞轮齿啮合不良。齿圈与起动机齿轮在起动发动机时会发生撞击，造成轮齿损坏或轮齿单面磨损。若轮齿连续三个以上损坏或磨损严重，起动机齿轮与齿圈齿便难以啮合。

2）粘缸。发动机温度过高时停车熄火，热量难以散出，高温下的活塞环与气缸粘连，冷却后无法起动。

3）曲轴抱死。由于润滑系统故障或缺机油造成滑动轴承干摩擦，以致最终曲轴抱死而无法起动。

4）喷油泵柱塞卡死。

（2）诊断与排除方法 。

1）若飞轮有连续三个以上轮齿损坏，且与起动机齿正好相对，就会导致两者齿轮不能啮合。在这种状态下，只需用撬棒将飞轮撬转一个角度，再按起动按钮便可顺利起动。对于损坏的飞轮牙齿，一般可采用焊接修复。

2）齿圈松动时可从飞轮壳起动机安装口处确认。若齿圈松动，则须更换新件。在安装时，应先将齿圈放在加热箱中加热，而后趁热压在飞轮上，冷却后即可紧固于飞轮上。

3）齿圈牙齿单边磨损严重时，可将齿圈压下，前后端面翻转后再装在飞轮上使用。

4）经检查齿轮啮合正常，起动时飞轮不转动，则应视为发动机内部故障，如曲轴抱死、活塞粘缸、离合器卡滞等，对此应进一步观察。可先查离合器有无破损卡滞，再检查喷油泵柱塞是否卡滞和发动机内部有无异物等故障。

3. 发动机可以转动，但不能起动（排气管中无烟）的故障诊断与排除

起动发动机时，排气管无烟排出，也无爆发声，一般是由于柴油没有进缸。

（1）原因。

1）油箱中无油。

2）燃油滤清器、油水分离器堵塞。

3）低压油路不供油。

4）喷油泵不工作。

5）油路中有空气。

6）配气相位失准。气门的打开时刻与活塞在气缸中的行程不协调。如活塞在气缸中做压缩行程时，进、排气门打开着，新鲜空气被赶出气缸，以致气缸中没有燃烧气体，无法起动。

7）VE喷油泵电磁阀损坏，处于关闭状态，柴油不能进入高压腔。

（2）诊断与排除方法。

1）查看喷油泵熄火拉线是否回位。

2）油箱内是否有油，油箱开关是否打开。

3）喷油泵操纵拉杆和驱动连接盘的紧固螺栓是否脱落。

4）拧松喷油泵上的放气螺钉，用手油泵泵油排气。

5）检查油管是否漏气或堵塞。

6）检查燃油滤清器和油水分离器是否堵塞。

7）起动机带发动机转动，检查输油泵是否泵油。

8）拆松喷油器进油管接头，油门加到底，按下起动机开关，检查喷油泵是否泵油。若不泵油，说明油量调节拉杆卡在停油位置（即齿条发卡）。若是A型泵，应取下喷油泵的边盖检查并排除故障；若是P型泵等，则需采取相应措施处理。

9）检查配气相位是否准确，若未对正，应进行调整。

10）对于装VE泵的发动机来说，检查断油电磁阀和控制电路是否有故障。当确认断油电磁阀损坏，又不能立即找到新电磁更换时，可采用拆下电磁阀，取出柱塞阀和弹簧后原样装复，并对电磁阀采取断电处理的应急措施（此法不能进行电熄火，可以手动熄火）。

应用训练

训　练：诊断与排除柴油发动机常见故障训练

（1）学生分组：每组10或15人，安排一名学生为组长。

（2）教师示范：教师按照“故障现象”“分析原因”“排除故障”三个步骤进行。

（3）学生模仿：请个别学生进行操作，指出优缺点，其他学生观摩。

（4）分组对抗：学生轮流进行训练，互相指正共同探讨。

（5）教师评价：通过学生现场操作，评价学生的操作优缺点。

任务评价

训练项目	考核要求	配　分	评分标准	得　分
诊断与排除柴油发动机常见故障	1．发动机烟色不正常 2．发动机异响 3．发动机起动困难 要求对上述三项内容任选一项，按照三步法进行指认表述或实际操作	100	1．故障现象表述清晰 2．故障分析透彻 3．排除故障准确无误	

拓展提升

以“先外后内，先易后难”的原则，掌握发动机拆装，高压油泵、喷油器的拆装。

任务二　诊断与排除汽油发动机常见故障

任务目标

知识目标

1．了解汽油发动机常见故障：油路、电路故障

2．熟悉引发汽油发动机的常见油电路故障的原因

能力目标

1．能熟练根据现象正确诊断和分析故障

2．能掌握简单排除故障的方法

任务描述

汽油发动机是叉车的动力来源，在使用过程中可能会出现一些故障，如汽油发动机电路故障、汽油发动机油路故障等，如何来分析这些故障的形成原因、找出诊断与排除方法非常重要。

任务准备

为了完成上述任务，需准备运转的传统汽油发动机、电喷汽油发动机各一台。

任务实施

步骤一：诊断与排除汽油发动机电路故障

1. 传统触点式点火系统电路故障诊断

打开点火开关测试中央高压线跳火：

（1）若无火，则按图7-1传统点火系统低压电路故障检查步骤，依次检查低压电路。

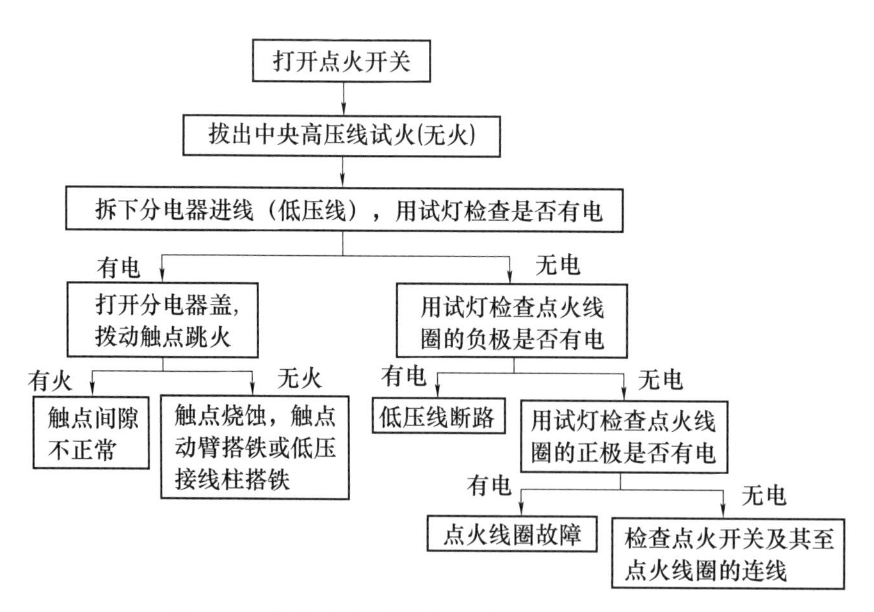

图7-1　传统点火系统低压电路故障检查步骤

（2）若有火，则按图7-2传统点火系统高压电路故障检查步骤，依次检查高压电路。

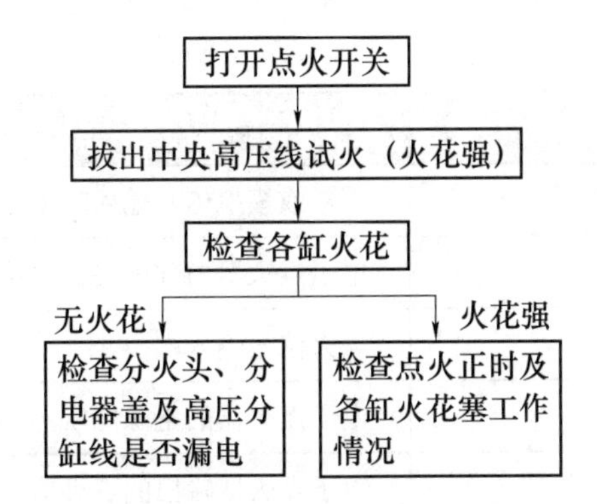

图7-2　传统点火系统高压电路故障检查步骤

图7-3所示为传统点火系统的组成及连线。

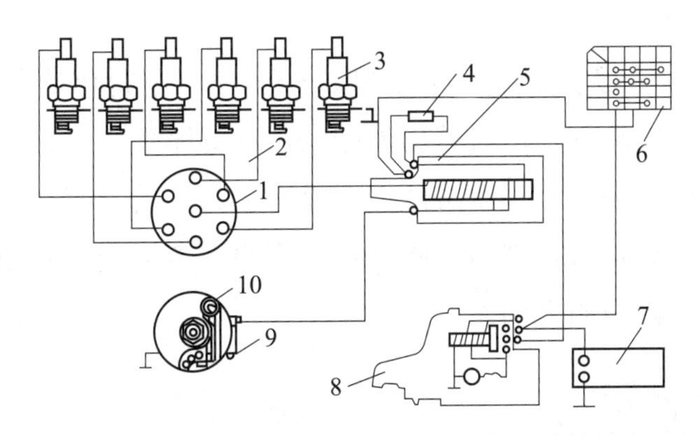

图7-3　传统点火系统的组成及连线

1—电器　2—高压电线　3—火花塞　4—附加电阻　5—点火线圈
6—点火开关　7—蓄电池　8—起动机　9—电容器　10—断电丝

2. 霍尔无触点式点火系电路故障诊断

打开点火开关测试中央高压线跳火：

（1）若无火，则按图7-4和表7-1检查点火器各点电压电路。

（2）若有火，则参照图7-2传统点火系高压电路故障，依次检查高压电路。

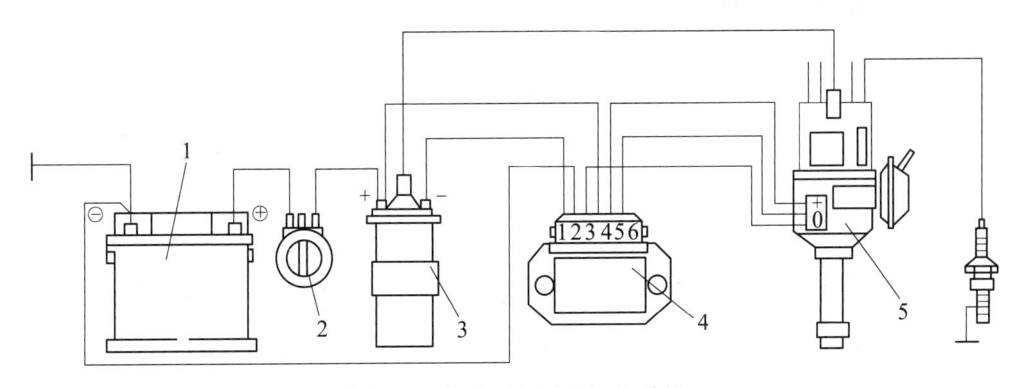

图7-4　霍尔式电子点火系统

表7-1　霍尔点火器各点电压

接线端子号	测试电压（对搭铁）/V	说　明
1	0～12	正常或模拟信号输入时电压应在此范围跃变
2	0	电子点火器内部电路搭铁接线端子
3	0	点火信号输入端
4	12	电子点火器的电源电压
5	10	电子点火器输出的点火信号发生器电源电压

步骤二：诊断与排除汽油发动机油路故障

1. 传统化油器式供油系统（见图7-5）

打开化油器进油管接头，起动发动机。若出油，则为化油器内滤网堵塞；若不出油，拆下汽油泵出油管，这时若出油则为出油管路堵塞，若不出油则拆下进油管，再次起动发动机汽油泵，观察进油口有没有吸力。若没有，则为汽油泵损坏；若有吸力，则向进油管打气，然后再听油箱气泡声，若无响声则油管、汽油滤清器堵塞，若仅有气流声则油箱无油。

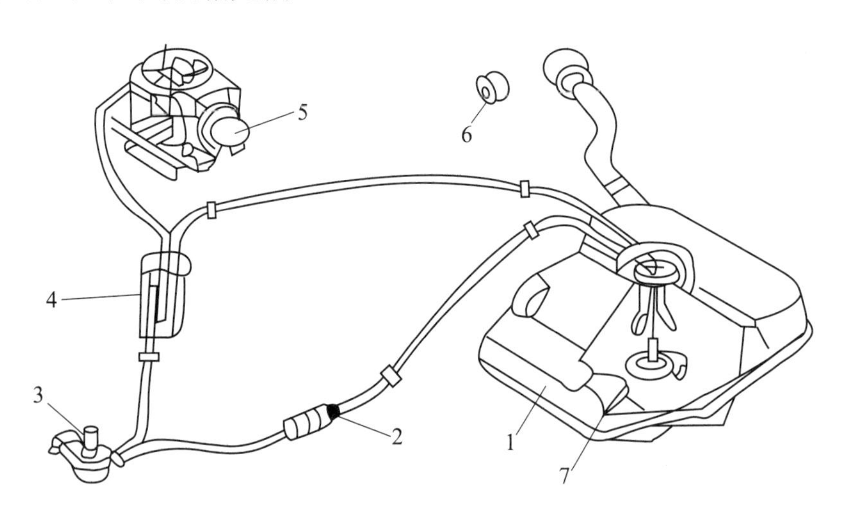

图7-5　传统化油器式供油系统

1—汽油箱　2—汽油滤清器　3—汽油泵　4—储油器　5—化油器　6—汽油箱盖　7—汽油表传感器

2. 电喷发动机供油系统（见图7-6）

（1）燃油供给系统的油压。电喷发动机燃料供给系统正常供油压力一般在0.25MPa，油压调节器拔掉真空管时油压升高至0.3MPa，发动机熄火10min后，系统油压不得低于0.1MPa。

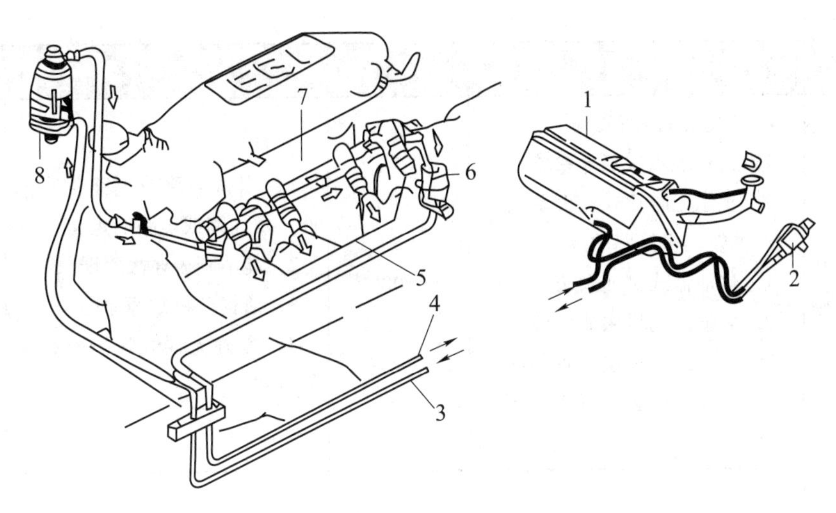

图7-6　电喷发动机供油系统

1—汽油箱　2—电动燃油泵　3—输油管　4—回油管
5—喷油器　6—油压调节器　7—燃油分配管　8—汽油滤清器

（2）油压过高的原因是油压调节器故障或回油管堵塞。

（3）油压过低的原因是油箱中燃油少、油泵滤网堵塞、油泵故障、油泵出油管泄漏、汽油滤清器堵塞或油压调节器故障。

（4）残压不保，多点喷射系统残压检测。发动机停熄后，多点喷射系统管路中应保持一定的残余油压，便于再次起动。如果发动机停熄后，残余油压很低或等于零，将造成难发动或不能发动的故障。系统残压不保的原因是燃油泵单向阀关不住，油压调节器膜片关不住回油口，喷油器漏油或燃油系统管路漏油等。

应用训练

训　练：诊断与排除汽油发动机常见故障训练

（1）学生分组：每组10或15人，安排一名学生为组长。

（2）教师示范：教师按照要求进行指认相关机件，并假设模拟故障、诊断与处理故障。

（3）学生模仿：请个别学生进行操作，指出优缺点，其他学生观摩。

（4）分组对抗：学生轮流进行训练，互相指正共同探讨。

（5）教师评价：通过学生现场操作，评价学生的表达及操作的优缺点。

任务评价

训练项目	考核要求	配分	评分标准	得分
诊断与排除汽油发动机常见故障	汽油发动机电路故障： 1. 传统触点式点火系统 2. 霍尔无触点式点火系统 汽油发动机油路故障： 1. 化油器式供油系统 2. 电喷发动机供油系统 要求对上述各项内容任选一项，按照三步法进行指认或实际操作	100	1. 指认油路或电路各零部件，及油路或电路的走向 2. 能清晰表述故障现象 3. 透彻分析故障原因 4. 准确无误表达排除故障的方式	

任务三　诊断与排除叉车驱动系统常见故障

任务目标

知识目标

1. 了解叉车驱动系统、手动换挡、离合器的常见故障诊断与排除
2. 掌握排除叉车驱动系统、液压动力换挡、液力变矩器一般故障的方法

能力目标

1. 能熟练根据现象正确诊断和分析故障
2. 能掌握简单排除故障的方法

任务描述

在本任务中，要能够诊断与排除离合器常见故障，了解离合器打滑的原因及故障排除，掌握离合器抖动与分离不彻底的原因及故障排除和液力变矩器一般故障的排除。

任务准备

1. 叉车驱动系统手动换挡及液力换挡至少各一台。

2．螺旋弹簧式和推式膜片弹簧离合器压盘至少各一个、离合器片总成、离合器输出轴。

任务实施

步骤一：诊断与排除离合器常见故障

1．初识摩擦片式离合器

（1）摩擦片式离合器的作用是保证汽车平稳起步，使换挡时工作平顺，防止传动系统过载。

（2）螺旋弹簧式离合器与推式膜片弹簧离合器的结构，如图7-7、图7-8所示。

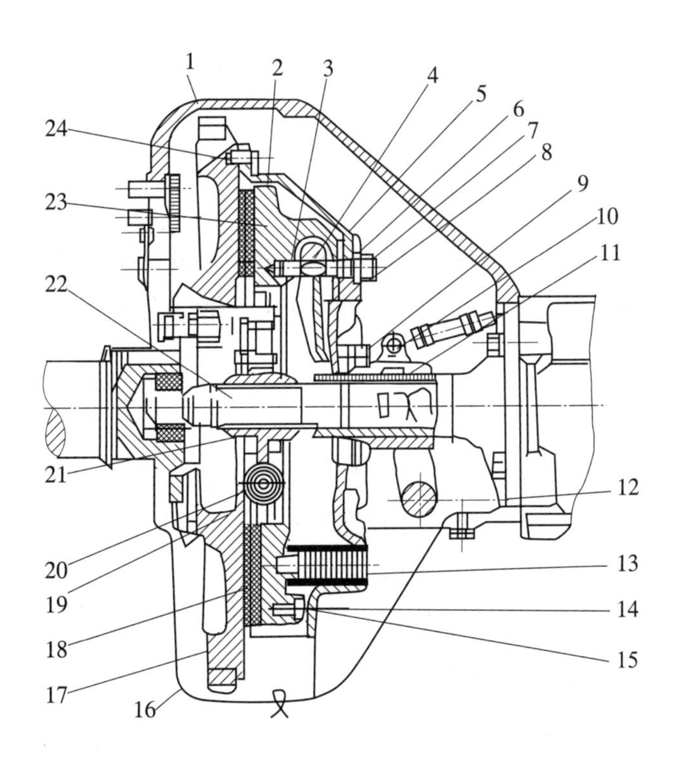

图7-7　螺旋弹簧式离合器

1—飞轮壳　2—离合器盖　3—分离杠杆支承柱　4—摆动支片　5—浮动销　6—分离杠杆调整螺母　7—分离杠杆弹簧　8—分离杠杆　9—分离轴承　10—分离套筒回位弹簧　11—分离套筒　12—分离拨叉　13—压紧弹簧　14—传动片铆钉　15—传动片　16—离合器壳底盖　17—飞轮　18—从动盘组件　19—减振器盘　20—减振器弹簧　21—从动盘毂　22—变速器第一轴（离合器从动轴）　23—压盘　24—离合器盖定销

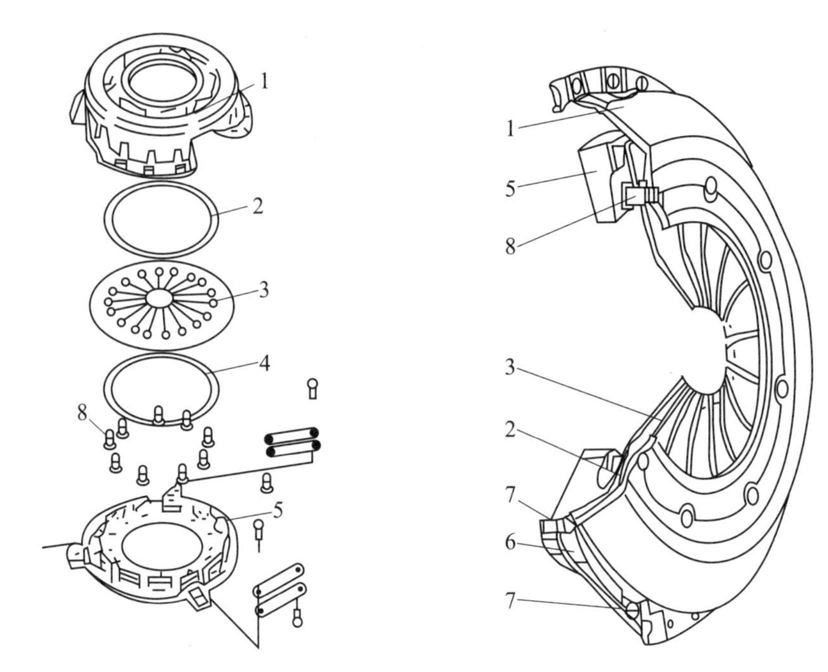

图7-8 推式膜片弹簧离合器

1—离合器盖 2、4—钢丝支承环 3—膜片弹簧 5—压盘 6—传动片 7—铆钉 8—支承铆钉

2. 离合器打滑的原因分析及故障排除

（1）现象与原因。离合器打滑使发动机的动力不能很好地输出。在驻车制动情况下，车辆既不能起步，发动机又不制动熄火。原因如下：

1）摩擦片破损。

2）摩擦片烧坏。

3）工作面有油污，摩擦系数减小而打滑。

4）摩擦片磨损变薄、硬化、铆钉外露。

5）离合器踏板自由行程太小或没有。

6）分离杠杆端面不在一个平面上。

7）零部件变形，飞轮或压盘翘曲。

8）压紧弹簧过软或折断。

9）分离轴承烧损或卡死。

（2）故障排除。

1）从动盘故障排除。

① 摩擦片破损：应更换新摩擦片。

② 摩擦片烧坏：严重烧损者应更换摩擦片。

③ 工作面有油污：应清洗油污并找出油污原因予以排除。

④ 摩擦片磨损变薄、硬化、铆钉外露：磨损不大时，可通过适当调整分离杠杆与分离轴承之间的自由间隙进行补偿，磨损严重时应更换新的摩擦片。

2）操纵机构故障。

① 踏板自由行程过小或没有：发现踏板行程过小时应及时调整至使用说明书规定的数据。

② 分离杠杆端面不在一个平面上：必须重新调整分离杠杆，使三根分离杠杆的端头处于同一平面上，其偏差应控制在0.2mm以内，同时分离杠杆与分离轴承之间的自由间隙符合规定。

3）其他零部件因素。

① 从动盘、飞轮或压盘翘曲：应及时修复或更换变形的零件。

② 压紧弹簧过软或折断：及时换新的压紧弹簧。

③ 分离轴承烧损或卡死：应当修复或更换分离轴承。

3. 离合器抖动的原因分析及故障排除

（1）现象与原因。车辆起步时产生抖动的操作因素有：挂高挡起步；急抬离合器踏板；驻车制动未松；行驶过程中大负载或制动拖滞。

1）其他机件故障因素：

① 发动机支承螺栓松动。

② 飞轮固定螺栓松动。

③ 变速器与离合器壳的连接螺栓松动。

④ 变速器二轴与驱动桥主动锥齿轮连接的弹性万向节破损或螺栓松动、脱落。

2）离合器机件因素：

① 分离杠杆内端高低不一，分离叉轴与衬套磨损严重。

② 压板卡涩，压板弹簧力不均。

③ 摩擦片有油，铆钉头凸露，摩擦片不平，钢板翘曲。

④ 摩擦片花键毂与变速器一轴花键槽磨损、松旷。

⑤ 飞轮、压盘翘曲，压紧弹簧弹力不均。

（2）故障排除。

首先检查发动机支承螺栓及变速器与离合器壳连接螺栓是否松动。若正常，打开飞轮壳上盖或检查孔盖，检查分离杠杆高度是否一致，摩擦片是否破损，摩擦片在一轴上是否滑动自如。

如上述情况正常，则应分解离合器，检查摩擦片是否硬化，是否存在油污、铆钉头是否露出、压板弹簧力是否不均、钢板是否翘曲，以及飞轮固定螺栓是否松动等。

4. 离合器分离不彻底的原因分析及故障排除

（1）现象与原因。造成离合器分离不彻底的原因如下：

1）离合器踏板自由行程过大，使分离轴承推动分离杠杆的行程缩短，压盘后移的行程也随之缩短，不能完全解除对从动盘摩擦片的压紧力，从而使离合器不能彻底分离。

2）分离杠杆弯曲、变形，内端面不在同一平面，个别分离杠杆折断或调整螺钉松动，分离杠杆与分离轴承的距离不一致，离合器压盘工作面与变速器第一轴不垂直，造成压盘和摩擦片的偏磨等。

3）离合器从动盘翘曲变形、铆钉松动或更换了过厚的新离合器摩擦片。

4）离合器从动盘花键孔与变速器第一轴键齿锈蚀、有油污或磨损后出现台阶，从动盘轴向移动、卡滞不灵活。

5）离合器摩擦片正反面装错。

6）压盘弹簧长度不一、弹性不一或弹簧折断卡死等。

7）离合器液压操纵机构漏油、有空气或油量不足。

（2）故障排除。

1）一人将变速杆放在空挡位置，踏下离合器踏板，另一人打开飞轮罩，用起子推动离合器片，如能轻轻地推动，说明离合器能将动力切断，若推不动，则说明离合器分离不彻底。

2）检查调整离合器踏板的自由行程，调整至规定值。

3）检查调整离合器分离杠杆内端面的高度，并使之在同一平面上。

4）其他故障则须拆卸检查，进行修整。

步骤二：诊断与排除液力传动油滤清器堵塞故障

（1）现象与原因。

由于滤清器带有压力报警装置，堵塞将会报警，液力传动油出现温度高和压力低的现象。有以下原因：

1）滤清器或液力传动油的使用，超过规定的工作小时。

2）液力系统的污染耐受度差，滤清器采用的过滤精度不符合要求。

3）传动系统油量不足。

4）油温过高。

5）油压过低。

6）液力油变质。

（2）故障排除。

1）直接因素：按规定使用特定牌号的液力传动油与滤清器，遵守保养时限，定时更换滤清器与液力油。

2）间接因素：滤清器的堵塞一般是由液压系统中油液颗粒杂质较多引起的。

3）其他因素：液压缸的运动部件产生的磨损，液压油初始的清洁状态，液压油的氧化产生的胶体等。

一般来讲，排除滤清器的堵塞故障是很简单的，更换相应的滤芯就可以排除故障了。而引起堵塞后，需要由机修工对液力传动系统进行检测维修。

应用训练

训　练：诊断与排除叉车驱动系统常见故障训练

（1）学生分组：每组10或15人，安排一名学生为组长。

（2）教师示范：教师按照操作程序，在液压动力换挡实体前指认相关机件，根据现象分析故障原因、排除方法，并示范模拟故障，诊断与处理故障。

（3）学生模仿：请个别学生进行操作，指出优缺点，其他学生观摩。

（4）分组对抗：学生轮流进行个体训练，相互探讨。

（5）教师评价：通过学生现场操作，修正学生的操作错误，强调操作要领。

任务评价

训练项目	考核要求	配分	评分标准	得分	总分
诊断与排除离合器常见故障	1．摩擦片式离合器的组成结构 2．工作原理或工作过程 3．离合器打滑原因分析及故障排除 4．离合器分离不彻底原因分析及故障排除	60	1．指认组成结构 2．表述工作原理 3．打滑原因分析及故障排除 4．分离不彻底原因分析及故障排除		
诊断与排除液力变矩器一般故障	1．液力传动油滤清器堵塞故障的原因分析 2．液力传动油滤清器堵塞故障的排除	40	1．堵塞故障的原因分析 2．堵塞故障的排除		

任务四　诊断与排除叉车转向系统常见故障

任务目标

知识目标

1. 掌握机械式转向机构的组成结构 、故障诊断与排除
2. 掌握全液压动力转向机构的组成结构、工作原理、故障诊断与排除

能力目标

1. 熟悉机械式转向机构的故障诊断与排除
2. 熟悉全液压动力转向机构的故障诊断与排除

任务描述

叉车的液压转向是十分重要的，使用频率比较高。发生故障后，整个叉车就不能正常运行了，分析其故障原因并排除显得十分重要。

任务准备

为了完成上述任务，必须准备具有机械式转向机构与全液压动力转向机构的叉车至少各一辆，还需准备循环球式机械转向器、液压动力转向器、转向球关节、横拉杆、直拉杆、横置式转向工作液压缸等总成件。

任务实施

步骤一：诊断与排除机械式转向机构的故障

叉车由于转向桥载荷重，尤其是平衡重式叉车在空载时承载更重，然而机械式转向机构有较广泛的应用，所以了解其结构以便更好地对转向系统进行维护保养。

1. 机械式转向机构组成（见图7-9）

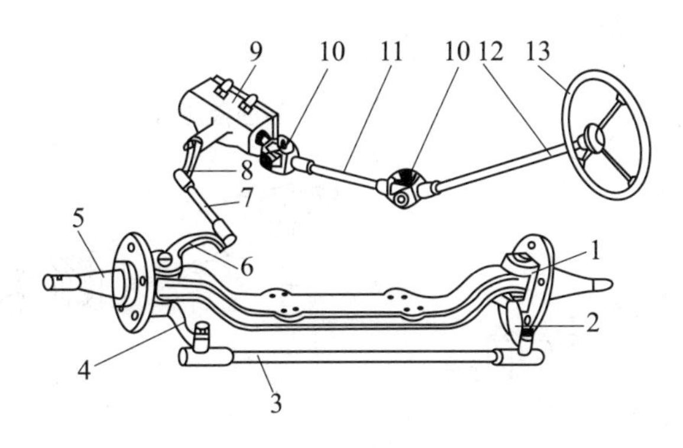

图7-9　机械式转向机构组成

1—右万向节　2、4—梯形臂　3—转向横、直拉杆　5—左万向节　6—转万向臂　7—转向纵拉杆　8—转向垂臂　9—转向器　10—转向万向节　11—转向传动轴　12—转向轴　13—方向盘

2. 机械式转向机构的故障诊断与排除

（1）检查转向横、直拉杆。

1）静态检查：检查拉杆是否受撞击而弯曲变形。各锁止螺母的开口销是否缺损。

2）动态检查：来回转动方向盘，检查拉杆两端的球关节；球头销的锥形柱部的配合，锥面配合，不准有松动；其球头部的配合，活动配合，不准有松旷。

（2）转向横、直拉杆需要润滑的部位。转向横、直拉杆两端球关节的球头部，配有加注润滑脂的油嘴是需要润滑的部位。按保养手册定期加注润滑脂。

（3）转向器的故障诊断与排除。检查转向器有否渗漏油、润滑油量情况。检查转向器啮合齿轮间隙，调整合理间隙值。

步骤二：诊断与排除全液压动力转向机构的故障

1. 初识全液压动力转向机构

全液压转向由于其转向轻便、灵活的优势，油管布置方便，再加上曲柄滑块横置液压缸式转向桥的普及，现在即使在中、小吨位的叉车上也得到广泛的应用。液压转向器一方面类似于一个转阀，控制着通向转向液压缸的油路；另一方面类似于一个计量泵，控制流向转向液压缸的流量，当发动机故障或液压系统失灵时又成为一个手动泵，靠转动方向盘将油液泵入转向液压缸实现人力应急转向。使用一段时间后，由于内漏等原因，这种故障状态下的人力转向实际上很难实现，这是全液压转向系统的一个缺点。

2. 检查动力转向机构

（1）识别各构件，如图7-10所示。

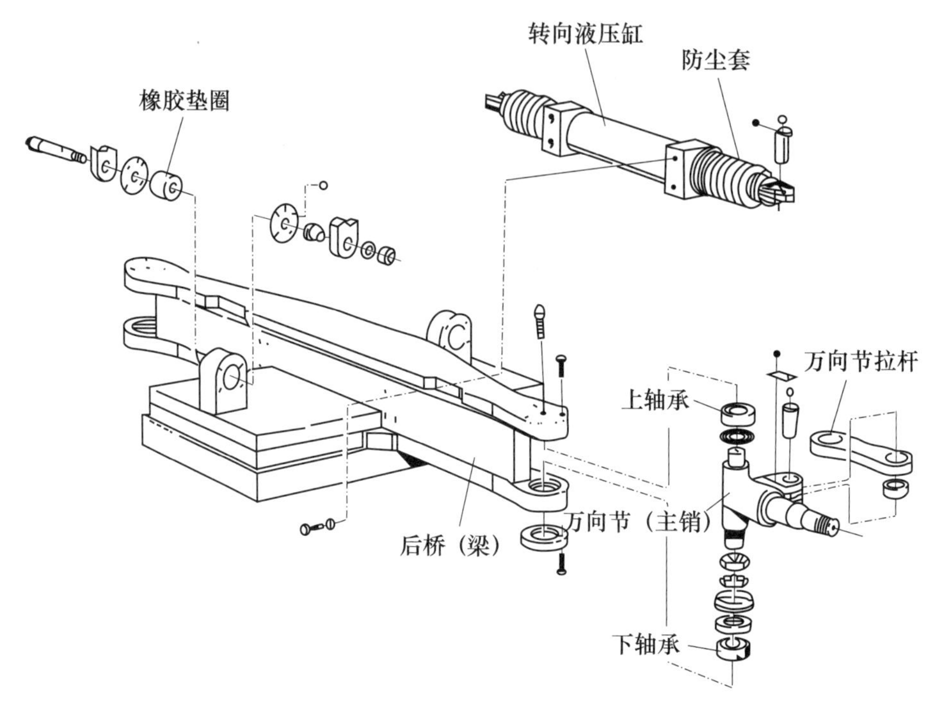

图7-10　动力转向机构构件

（2）检查万向节与转向液压缸的连接部分。

1）检查万向节。手扶车轮上沿晃动车轮，应无间隙松旷。若制动时，松旷消除，则轮毂螺母松动，否则为万向节主销松动。无制动车轮，应观察主销松动情况，分析松旷处。

2）检查转向横置液压缸。固定于车桥的螺钉是否松动，防尘套是否破损；供油软管是否老化，安装是否合理；各液压元件是否渗漏油。

3）检查连接部分。连接板是否变形，各插销是否磨损松旷，固定螺钉是否松动或缺损，各活动球形关节松旷程度是否正常。

应用训练

训　练：诊断与排除叉车转向系统常见故障训练

（1）学生分组：每组10或15人，安排一名学生为组长。

（2）教师示范：教师按照操作程序，诊断并排除机械式转向机构和全液压动力转向机构的故障并进行讲解。

（3）学生模仿：请个别学生进行操作，指出优缺点，其他学生观摩。

（4）分组对抗：学生轮流进行个体训练，互相指出操作缺陷。

（5）教师评价：通过学生现场操作，修正学生的操作错误，强调操作要领。

任务评价

训练项目	考核要求	配　分	评分标准	得　分	总　分
诊断与排除机械式转向机构故障	1．了解机械式转向机构组成与作用，并能表达转向力传递过程 2．机械式转向机构的故障诊断与排除	50	1．指认组成，表达转向力传递过程 2．转向机构调整，故障诊断与排除		
诊断与排除全液压动力转向机构故障	1．掌握指认液压动力转向机构各机件名称与作用，并能表达液压动力传递过程 2．掌握检查的步骤与维护保养的要求，并能诊断与排除故障	50	1．指认组成，表达液压动力传递过程 2．检查的步骤与维护保养，能诊断与排除故障		

任务五　诊断与排除叉车电气设备常见故障

任务目标

知识目标

1. 掌握叉车电气设备：起动机、发电机、喇叭、灯光、电气结构和工作原理
2. 能分析叉车电气设备的故障原因

能力目标

1. 掌握叉车电气设备的故障排除
2. 能熟练拆解和装配起动机、发电机

任务描述

蓄电池是叉车重要的能量存储装置，是叉车起动的必备条件。蓄电池有一定的使用年限，正确维护、保养蓄电池对于延长蓄电池的使用寿命，确保叉车的正

常运行具有重要的意义，其故障通常有起动电路无电故障、发电机不充电、喇叭不响、灯光不亮等。

任务准备

1. 为了完成上述任务，需准备叉车一台，起动机、发电机、喇叭、灯光等电器总成件各一件。

2. 万用表、试灯、工具若干。

任务实施

步骤一：诊断与排除起动电路无电故障

1. 诊断故障

短接起动机大接线柱与电源大接线柱，不转动、无反应，则起动主电路无电。

2. 分析产生故障的原因

（1）蓄电池无电。诊断：喇叭不响、灯光不亮，全部叉车电气设备均不能工作。

（2）蓄电池至车架搭铁线是否折断或两处连接螺栓是否污蚀、松动或脱落。诊断：全部叉车电气设备均不能工作。连接螺栓是否接上，是否松动，是否存在过多的结污，上述情况均可导致主电路处于断路状态。

（3）蓄电池至起动机电源接线柱是否有折断或两处连接螺栓是否存在污蚀、松脱。

（4）多个蓄电池相连的，蓄电池至车架或发动机电源接柱接有总电源开关的，需要检查它们之间的连接导线及其连接螺栓状况。

（5）装有总电源开关的，需要检查其功能状况，主要包括刀开关与电磁开关。诊断：检查刀开关的开断状况；察听操作电磁开关时的嗒嗒声，检查其触点接触是否良好。

蓄电池无电或亏电（即电不足）是两个的不同故障。一般在用叉车亏电较为常见，因为起动电流高达数百安培，所以首先反映在起动工作时起动系统不能正常起动。

3. 判断蓄电池亏电的测量方法

（1）电解液密度计测量电解液密度：1.28为电源充足，正常；低于1.11

为无电或损坏。

（2）高率放电计测量蓄电池电压：12V蓄电池有11V电压即为正常。

（3）万用表测量蓄电池电压：必须在起动状态下测电压，如高率放电计读数。

消除产生上述故障的因素：补充充电或更换蓄电池。

判断起动主电路各部分电阻是否过大。其判断的方法是：

（1）一般该部位起动时，应发热或发烫。

（2）用万用表测量电阻应不大于0.001Ω（起动压降不大于0.1V）。

消除产生上述故障的因素：更换故障导线、更换或清洁、紧固故障连接件。

步骤二：分析及排除发电机不充电的原因及故障

1. 认识发电机充电系统

发电机充电系统分为交流与直流发电机，目前均采用交流发电机充电系统。其电压调节又分为分体式的触点式调节器、晶体管电子调节器和整体式集成电路调节器。目前在叉车上应用较多的是晶体管电子调节器，如图7-11所示。

图中，点画线框内由左至右依次为磁场绕组电枢绕组和整流元件。B交流发电机电流输出接柱L励磁电流输出接柱F接发电机励磁绕组。VD_1～VD_6为整流二极管，将电枢交流电整流后向外输出。VD_7～VD_9为励磁二极管，经调节器向转子磁场绕组供电产生磁场。调节器通过励磁电流通电占空比控制发电机稳定输出电压。

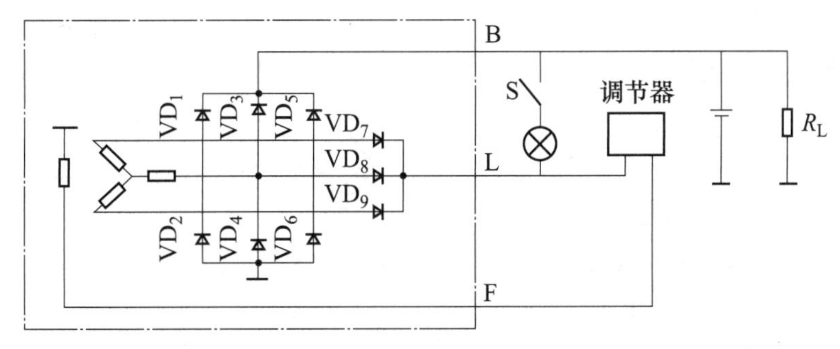

图7-11　交流发电机充电电路图

2. 故障诊断

（1）发电机不充电的故障现象是充电指示灯常亮。

（2）检查发电机驱动传动带是否断裂，是否过松而使驱动打滑。

（3）各导线连接桩头是否有松动或脱落，各导线是否断裂。

3. 故障原因分析

（1）发电机的驱动传动带和各连接导线是外部直观故障。

（2）短接发电机正极与F接柱（拆下磁场接柱导线，防止高速触点烧蚀），分析充电系统两大部件故障所在。充电：调节器故障（触点氧化或烧蚀节压值过低）；不充电：发电机故障。

（3）发电机故障有二极管坏、电刷与集电环不接触、定子或转子线圈断路、短路、搭铁。

步骤三：分析及排除喇叭不响的原因及故障

1. 喇叭工作原理

喇叭有几种形式，常见盆形电喇叭如图7-12所示。其工作原理：通电，产生磁场吸力，分开触点，电路切断，磁场消失，吸力消失，簧片回位，触点闭合，又通电……周而复始，簧片振动引发声响。

喇叭控制电路有直接开关控制和继电器控制。继电器控制是以小控大，保护开关，防止烧蚀；防止自感电压，防止电击。

带有继电器喇叭控制电路，如图7-13所示。

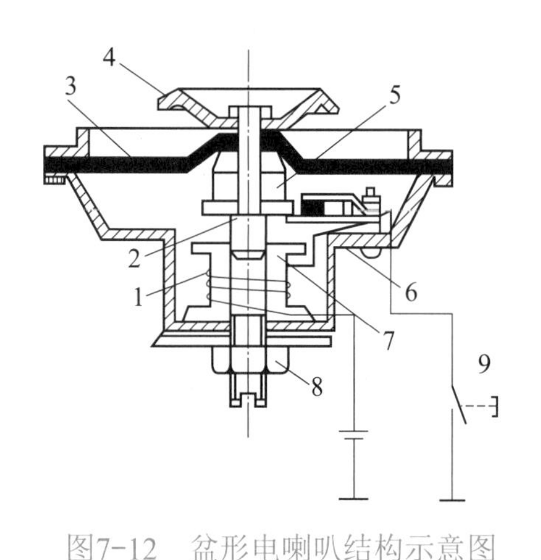

图7-12　盆形电喇叭结构示意图

1—磁化线圈　2—活动铁心　3—膜片　4—共鸣片　5—振动块　6—外壳　7—铁心　8—螺母　9—按钮

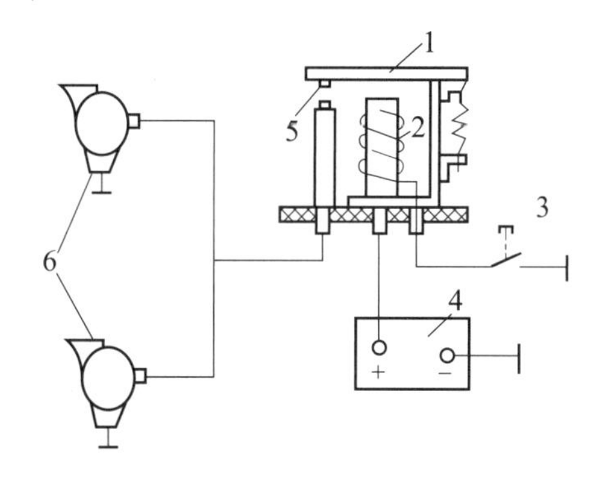

图7-13　继电器喇叭控制电路

1—触点臂　2—线圈　3—按钮　4—电池　5—触点　6—喇叭

2. 诊断故障

按了喇叭，声音不是像蚊子叫，就是很沙哑，甚至连一点声音都没有。

1）有时响有时不响：主要检查喇叭开关内部的触点接触情况。

2）声音沙哑：主要检查方向盘周围的各个触点，由于使用频繁，容易使触点出现磨损。

3）完全不响（上述症状也可按不响检查）：

① 检查熔丝是否熔断。

② 检查喇叭电源线：拔下喇叭插头，用万用表测量。在按喇叭开关时查看此处是否有电。如果没有电，应检查喇叭线束和喇叭继电器；如果有电，则检查喇叭搭铁是否良好，可检查与车辆金属构件固定是否良好，否则是喇叭本身的问题。

③ 检查喇叭：调节喇叭的调节螺母，查看是否能发声，检查喇叭触点是否烧触，线圈是否有焦煳味。

3. 故障原因分析

当按下方向盘上或者其他位置的喇叭按钮时，来自蓄电池的电流会通过回路流到喇叭继电器的电磁线圈上，电磁线圈吸引继电器的触点开关闭合，电流就会流到喇叭处。电流使喇叭内部的电磁铁工作，从而使振动膜振动而发出声音。

在有关喇叭的故障中喇叭本身的故障出现得最多。特别是喇叭安装位置存在缺陷，在下雨时或洗车时很容易使喇叭被水淋湿，造成喇叭的损坏。

当喇叭不响时，常见的故障部位不外乎三点，即喇叭本身、喇叭开关触点及喇叭线束。

步骤四：分析及排除灯光不亮的原因及故障

1. 转向灯不亮故障的诊断

（1）诊断故障。一般单个灯不亮，则可能是灯泡损坏、线路故障；灯都不亮，则可能是熔丝断、闪光器坏或转向开关损坏。用万用表或试灯，根据电路图各节点逆电路检查。

（2）分析产生故障的原因及排除。

1）用电设备（灯具检查）：灯泡是否损坏，灯具搭铁是否良好，电源线是否有电。

2）连接线路（导线检查）：导线各接头有电否，有电与无电处即为故障处。

3）电源部分：转向灯系统是否有电源，控制转向灯的熔丝是否断路。

4）控制部分：检查闪光器、转向灯开关是否损坏。

2. 制动灯不亮故障的诊断

（1）诊断故障。一般单个灯不亮，则可能是灯泡损坏、线路故障；灯都不亮，则可能是熔丝断或制动灯开关损坏。用万用表或试灯，根据电路图各节点逆电路检查。

（2）分析产生故障的原因及排除。

1）用电设备（灯具检查）：灯泡是否损坏，灯具搭铁是否良好，电源线是否有电。

2）连接线路（导线检查）：导线各接头有电否，有电与无电处即为故障处。

3）电源部分：制动灯系统是否有电源，控制制动灯熔丝是否断路。

4）控制部分：检查制动灯开关是否损坏。

5）制动失效：无液压或气压作用，制动灯也不亮。

3. 倒车灯不亮故障的诊断

（1）诊断故障。一般单个灯不亮，则可能是灯泡损坏、线路故障；灯都不亮，则可能是熔丝断或倒车灯开关损坏。用万用表或试灯，根据电路图各节点逆电路检查。

（2）分析产生故障的原因及排除。

1）用电设备（灯具检查）：灯泡是否损坏，灯具搭铁是否良好，电源线是否有电。

2）连接线路（导线检查）：导线各接头有电否，有电与无电处即为故障处。

3）电源部分：倒车灯系统是否有电源，倒车灯熔丝是否断路。

4）控制部分：检查倒车灯开关是否损坏。

4. 照明灯不亮故障的诊断

（1）诊断故障。一般单个灯不亮，则可能是灯泡损坏、线路故障；灯都不亮，则可能是熔丝断或照明灯开关损坏。用万用表或试灯，根据电路图各节点逆电路检查。

（2）分析产生故障的原因及排除。

1）用电设备（灯具检查）：灯泡是否损坏，灯具搭铁是否良好，电源线是否有电。

2）连接线路（导线检查）：导线各接头有电否，有电与无电处即为故障处。

3）电源部分：照明系统是否有电源，照明灯熔丝是否断路。

4）控制部分：检查照明灯开关是否损坏。

5. 灯光不亮故障的诊断总结

（1）灯光故障的原因分析。

1）用电设备：设备是否损坏。设备线路的通路情况：搭铁是否良好，有否短路故障，电源线是否有电。

2）连接线路：检查通路状况。导线各接头有电否，有电与无电处即为故障处。排除短路搭铁与断路故障。

3）电源部分：系统电源熔丝是否断路，熔丝熔断须分析原因——是热疲劳或丝架松动发热，还是电路短路故障。后者必须清查，排除故障方可更换新熔丝，否则熔丝还将熔断。注意更换规定容量的熔丝。

4）控制部分：控制开关是否损坏。开关类型各不相同，但均有一定的物理量控制，须检查其功能是否丧失。

5）其他因素：控制开关的物理量不充分，如制动的气压或油压值不足。电路中其他串联控制部件，如前照灯的变光开关。

（2）灯光排故说明。

1）汽车的照明与灯光信号装置的种类。外部照明与灯光信号装置包括前照灯、雾灯、示宽灯、转向信号灯、尾灯、制动灯、倒车灯、牌照灯、停车灯。内部照明与灯光信号装置包括仪表灯、顶灯、其他辅助用灯。

2）前照灯。

① 对前照灯的照明要求：明亮而均匀，1 200cd，照明范围200～250m，防眩目。

② 前照灯的光学系统。反射镜：将灯泡的光线聚合并导向前方。配光镜：将平行光束进行折射，产生良好和均匀的照明。灯泡包括白炽、卤钨和高压放电氙灯。

应用训练

训　练：诊断与排除叉车电气设备常见故障训练

（1）学生分组：每组10或15人，安排一名学生为组长。

（2）教师示范：

1）利用电液密度计、目测镜、高率放电计测试蓄电池电量。

2）对照电路图使用万用表或试灯测试起动系统各节点电压，拆装起动机。

3）对照电路图使用万用表或试灯测试充电系统各节点电压。

4）对照电路图使用万用表或试灯测试喇叭电路各节点电压。

5）设置灯光不亮的故障，分析原因，排除故障，并进行讲解。

（3）学生模仿：请个别学生进行操作，指出优缺点，其他学生观摩。

（4）分组对抗：学生分组轮流进行训练，互相指出操作缺陷。

（5）教师评价：通过学生现场操作，修正学生的操作错误，强调操作要领。

任务评价

训练项目	考核要求	配分	评分标准	得分	总分
诊断与排除叉车电气设备常见故障	1. 蓄电池电量测定 2. 电量不足的原因分析及故障排除	30	测量蓄电池电量		
			蓄电池维护		
	1. 起动机拆解和装配 2. 起动电路分析	20	起动机拆装		
			起动电路分析		
	1. 发电机拆解和装配 2. 不发电的原因分析及故障排除	20	发电机拆装		
			不发电排故		
	1. 喇叭不响的原因分析及故障排除 2. 灯光不亮的原因分析及故障排除	30	喇叭不响排故		
			灯光不亮排故		

任务六　诊断与排除液压系统常见故障

任务目标

知识目标

1. 掌握门架自动前倾的原因及故障排除
2. 掌握货叉自动下降的原因及故障排除

能力目标

1. 能熟练根据故障现象判断故障原因
2. 能装配液压缸的活塞和缸体的密封件

任务描述

叉车货叉自动下降和门架自动前倾是液压工作系统中常见的故障，故障的发生将影响叉车的正常装卸和运行作业，甚至导致货物倾翻、运行货架拖地等情况，因此必须及时排除。

任务准备

为了完成上述操作，需准备叉车一辆，准备倾卸液压缸的可拆散件、起升液压缸的可拆散件各一套，准备工具若干。

任务实施

叉车液压系统由动力装置（油泵）、工作装置（液压缸）和控制装置（阀）以及辅助装置（油箱、油管）等组成。液压系统常见故障有门架自动前倾和后倾、货叉自动下降等。

步骤一：分析及排除门架自动前倾的原因及故障

1. 认识门架结构（见图7–14）

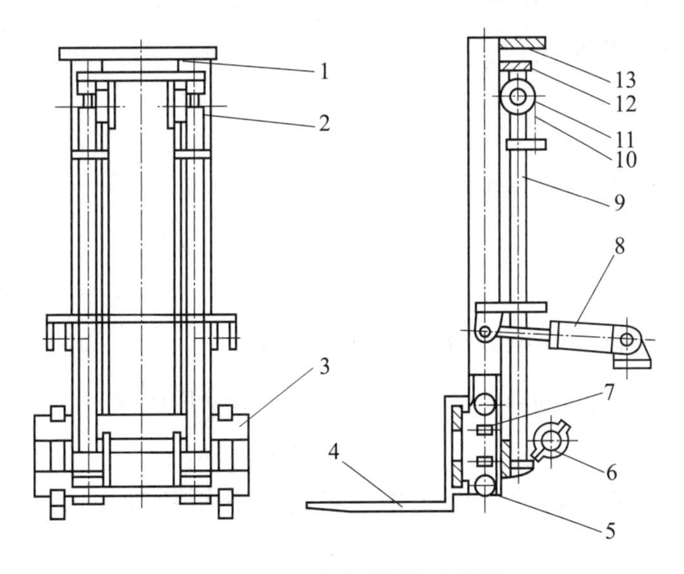

图7–14　门架结构示意图

1—内门架　2—外门架　3—叉架　4—货叉　5—纵向滚轮　6—门架下铰座　7—侧向滚轮　8—倾斜液压缸　9—起升液压缸　10—起升链条　11—链轮　12—浮动横梁　13—内门架上横梁

2. 故障现象

落地货叉升起或门架后倾后，门架自行前倾。

3. 原因

（1）倾卸液压系统外泄漏：倾斜液压缸、系统管路有泄漏处。

（2）倾卸液压系统内泄漏：双作用倾斜液压缸活塞密封圈损坏。

（3）换向阀阀杆与阀体间磨损严重。

（4）换向阀滑阀弹簧失效。

4. 诊断与排除

针对原因检查、紧固、调整、更换或送修。

步骤二：分析及排除货叉自动下降的原因及故障

1. 故障现象

货叉升起后，货叉自动下降。

2. 原因

（1）起升液压系统外泄漏：起升液压缸、系统管路有泄漏处。

（2）起升液压系统内泄漏：倾斜液压缸活塞密封圈损坏。

（3）换向阀阀杆与阀体间磨损严重。

（4）换向阀滑阀弹簧失效。

3. 诊断与排除

针对原因检查、紧固、调整、更换或送修。

应用训练

训　练：诊断与排除液压系统常见故障训练

（1）学生分组：每组10或15人，安排一名学生为组长。

（2）教师示范：

1）在柴油发动机实物前，指认相关机件，分析故障原因，排除故障并进行讲解。

2）拆解与装配倾斜液压缸、起升液压缸组件。注意活塞上密封件的安装方向，缸体上密封件的安装。

（3）学生模仿：请个别学生进行操作，指出优缺点，其他学生观摩。

（4）分组对抗：学生分组轮流进行个体训练，互相指出操作缺陷。

（5）教师评价：通过学生现场操作，修正学生的操作错误，强调操作要领。

任务评价

训练项目	考核要求	配分	评分标准	得分	总分
诊断与排除液压系统常见故障	门架自动前倾的原因分析及故障排除	50	1. 指认门架结构组成 2. 原因分析及故障排除		
	货叉自动下降的原因分析及故障排除	50	1. 指认门架倾斜液压缸结构组成 2. 拆装倾斜液压缸		

项目内容

项目八　维护与保养叉车

项目八　维护与保养叉车

企业内叉车在行驶及作业中，由于车辆内部机构的变化和受到外界各种运行条件的影响，其机构、零件必然逐渐产生不同程度的松动、磨损、机械损伤、变形及积污结垢等现象，甚至会出现损坏或断裂，从而出现故障或事故。为预防和消除叉车的故障，保持其技术状态的完好，提高叉车的完好率和运用效率，延长叉车的使用寿命，对叉车进行维护和保养是必要的。叉车的维护、保养工作是保证叉车技术状态良好，完成装卸搬运任务的关键所在。

任务一　了解叉车维护与保养制度

任务目标

知识目标

1. 熟悉叉车维护的原则、级别和要求
2. 熟悉叉车维护的主要项目

能力目标

1. 能够熟练描述叉车维护的目的
2. 能够熟练描述叉车维护的基本要求

任务描述

为保证叉车在使用中有良好的技术状况和较长的使用寿命，应建立叉车预防维护制度，以保持车辆外观整洁，降低零部件的磨损速度，防止不应有的损坏，主动查明故障和隐患并及时予以消除。根据叉车零部件磨损的客观规律，制订出切实可行的计划，定期进行维护与保养作业。

任务准备

为了更好地学习叉车的维护保养，了解维护与保养的基本制度是首要任务。

任务实施

步骤一：熟悉维护与保养的目的

叉车维护与保养的目的主要有以下几个方面：

（1）使叉车经常处于完好状态，随时可以出车，提高车辆完好率。

（2）在合理使用的条件下，不致因中途损坏而停歇，不致因机件损坏而影响行车安全。

（3）结合定期检测，确定维护和小修作业，最大限度地延长整车和各总成的大修间隔里程。

（4）在运行中降低燃料、润滑材料、零部件以及轮胎的消耗。

（5）减少叉车噪声和尾气对环境的污染。

（6）保持车容整洁，及时发现并消除故障隐患，防止叉车过早损坏。

步骤二：了解维护与保养的基本原则

叉车维护与保养的基本原则有以下几个方面：

（1）叉车维护与保养的原则是“预防为主、强制维护”。

（2）严格执行技术工艺标准，加强技术检验，实现检测仪表化。采用先进的不解体检测技术，完善检测方法，使叉车维护工作科学化、标准化。

（3）叉车维护与保养作业除主要总成发生故障必须解体外，一般不得对其解体。

（4）叉车维护与保养作业应严密作业组织，严格遵守操作规程，广泛采用新技术、新材料、新工艺，及时修复或更换零部件，改善配合状态并延长机件的使用寿命。

（5）在叉车全部维护与保养工作中，要加强科学管理，建立和健全叉车维护的原始记录和统计制度，由专人负责，随时掌握叉车的技术状态。通过原始记录和统计资料经常分析、总结经验，发现问题，改进维护工作，不断提高叉车的维护质量。

步骤三：了解维护与保养的基本要求

叉车维护与保养的基本要求有如下几个方面：

（1）要严格遵守维护与保养作业的操作规程，做到安全生产。

（2）要正确使用工具、量具及维护设备。拆装螺栓、螺母时应尽量使用套筒扳手和梅花扳手，扳手的尺寸与螺母、螺栓的规格一致，不应过大；使用活扳手的方法应正确，不允许用活扳手代替锤子敲打；不允许用钳子代替扳手拆装螺母、螺栓；不允许用螺钉旋具代替錾子或撬杠使用。

（3）主要零件的螺纹部分如有变形或拉长则不可使用。

（4）拆装机件时，应避免其工作表面受损伤。应尽量使用拉、压工具或专用工具进行机件的拆装。禁止使用锤子或冲头直接锤击工作表面，必须锤击时可用木质、橡胶锤子或软金属棒敲击。

（5）对于一些要求保持原配合或运动状态的部位，在分解时应做好记号，以便按原位装复。

（6）拆装轴承应使用专用工具。

（7）所有使用的量具和仪表都必须经定期检验合格，以保持其精度和灵敏度。

（8）在装配前应仔细检查零部件的工作表面，如有碰伤、划痕、突出物、麻点等应修整后再装配。

（9）全部润滑油嘴、油杯等应齐全、有效，所有润滑部位都应按要求加注润滑油。

步骤四：划分维护与保养的级别

维护级别一般划分为日常维护、定期维护、走合维护、换季维护和封存维护几个级别。其中，定期维护中又分为一级维护与二级维护。修理级别分为大修、中修和小修。

例行保养（视频）

（1）日常维护是以清洁机械、外部检查为主要内容，通常在每次作业前后进行。

（2）定期维护是叉车在使用一定时间后所进行的一种维护，分为一级维护和二级维护。定期维护与大、中修重合时可一并进行。一级维护是每使用1个月进行一次，二级维护是每使用6个月进行一次。

（3）走合维护是对新出厂的或大修后的机械在使用初期所进行的维护，其内容和方法除按日常维护要求进行外，还要进行加载试验，各项性能指标应符合说明书上的要求。

（4）换季维护是指全年最低温度在−5℃以下的地区，机械在入冬、入夏前进行的维护。如与二级技术维护重合时可结合进行。

（5）封存维护是指预计两个月以上不使用的叉车，均应进行封存。封存的叉车技术状态须良好；封存前应根据不同车况进行相应种类和级别的维护，达到技术状态良好；新车、大修后的叉车一般应完成走合维护后再封存。

步骤五：熟悉维护与保养的主要作业内容及要求（见表8-1）

维护是一项预防性的作业，其主要内容是清洁、检查、紧固、调整、防腐和添加、更换润滑油（脂）等维护与保养工作。

表8-1　维护与保养的主要作业内容及要求

作 业 内 容	维护与保养要求
清洁工作是提高保养质量、减轻机件磨损和降低燃油、材料消耗的基础，并为检查、紧固、调整和润滑做好准备	车容整洁，发动机及各总成部件和随车工具无污垢，各滤清器工作正常，液压油、机油无污染，各管路畅通无阻
检查工作。通过检视、测量、试验和其他方法来确定各总成、部件技术性能是否正常，工作是否可靠，机件有无变异和损坏，为正确使用、保管和维修提供可靠依据 检查空气滤清器（视频）　检查水箱（视频）	发动机和各总成、部件状态正常，机件齐全可靠，各连接、紧固件完好
紧固工作。由于叉车运行工作中的颠簸、振动、机件热胀冷缩等原因，各紧固件的紧固程度会发生变化，甚至松动、损坏和丢失	各紧固件必须齐全、无损坏、安装牢靠，紧固程度符合要求
调整工作是恢复叉车良好技术性能和确保正常配合间隙的重要工作。调整工作的好坏直接影响仓库叉车的经济性和可靠性。所以，调整工作必须根据实际情况及时进行	熟悉各部件调整的技术要求，按照调整的方法、步骤认真细致地进行调整
润滑工作是延长叉车使用寿命的重要工作，主要包括发动机、齿轮箱、液压缸，以及传动部件等	按照不同地区和季节，正确选择润滑剂品种，加注的油品和工具应清洁，加油口和油嘴应擦拭干净，加注量应符合要求

应用训练

训　练：叉车轮胎拆换训练

（1）学生自己查找拆换轮胎的相关资料，并进行整理归纳。

（2）进行轮胎零部件识别。

（3）学生自己分组进行轮胎拆换。

（4）教师进行点评及示范操作。

任务评价

训练项目	考核要求	配　分	评分标准	得　分
叉车轮胎拆换	按步骤进行轮胎拆换操作	100	1. 相关资料收集充分，整理规范（20分） 2. 轮胎零部件识别正确（20分） 3. 轮胎拆换顺序正确、规范（60分）	

任务二　维护与保养内燃叉车

任务目标

知识目标

1. 熟悉内燃叉车的日常、一级、二级维护与保养内容
2. 了解内燃叉车的磨合期、换季、走合期维护与保养内容
3. 熟悉内燃叉车的大修内容

能力目标

1. 能进行内燃叉车日常维护与保养
2. 能进行内燃叉车一级维护与保养
3. 能进行内燃叉车二级维护与保养

任务描述

上海某中专学校的内燃叉车原来是由该校的后勤部清洗，但是最近一段时间由于工作人员忙碌忽视了这件事情，但叉车的维护与保养却是不可缺少的。如果你是工作人员，请针对以下几个问题进行讲解，让同学们知道内燃叉车维护与保养时应注意的事项。

问题一：内燃叉车清洗时需要注意哪些？

问题二：内燃叉车的日常、一级、二级维护与保养的主要内容分别有哪些？

任务准备

为了使内燃叉车处于良好的工作状态，必须对内燃叉车进行一系列的维护与保养操作。那么作为初学者首先就应该知道内燃叉车维护与保养的主要种类及具体的工作内容。

任务实施

步骤一：了解磨合期的维护保养

新出厂或大修后的叉车，在规定作业时间内的使用磨合，称为叉车磨合期。磨合

期工作的特点是：零件加工表面比较粗糙，润滑效能不良，磨损加剧，所以必须按照内燃叉车磨合期的规定进行使用和保养。内燃叉车的磨合期为开始使用后的50h。

1. 内燃叉车磨合期的使用规定

（1）限载。磨合期内，3t内燃叉车起重量不允许超过600kg，起升高度一般不超过2m。

（2）限速。发动机不得高速运转，限速装置不得任意调整或拆除，车速一般保持在12km/h以下。

（3）按规定正确选用燃油和润滑油。

（4）正确驾驶和操作。要正确起动，发动机预热到40℃以上才能起步；起步要平稳，待温度正常后再换高速挡；适时换挡，避免猛烈撞击；选择好路面；尽量避免紧急制动：使用过程中密切注意变速器、驱动桥、车轮轮毂、制动鼓的温度；在装卸作业时，严格遵守操作规程。

2. 磨合期维护保养内容（见表8-2）

表8-2　磨合期维护保养内容

分类	特点	内容
磨合期前保养	主要是对叉车进行检查，做好使用前的准备工作	1. 清洁车辆 2. 检查、紧固全车各总成外部的螺栓、螺母、管路接头、卡箍及安全锁止装置 3. 检查全车油、水有无渗漏现象 4. 检查机油、齿轮油、液压油、冷却液液面高度 5. 润滑全车各润滑点 6. 检查轮胎气压和轮毂轴承松紧度 7. 检查转向轮前束、转向角和转向系统各机件的连接情况 8. 检查、调整离合器、制动踏板自由行程和驻车制动器操纵杆行程，检查制动装置的制动效能 9. 检查、调整V带松紧度 10. 检查蓄电池电解液液面高度、密度、负荷电压 11. 检查各仪表、照明、信号、开关按钮及随车附属设备的工作情况 12. 检查液压系统分配阀操纵杆行程及各液压缸行程 13. 检查、调整起重链条的松紧度 14. 检查门架、货叉的工作情况 叉车清洁（视频） 检查管路接头（视频） 检查机油（视频）
磨合期中保养	磨合期中保养一般在工作25h后进行	1. 检查、紧固发动机气缸盖和进、排气管螺栓、螺母 2. 检查、调整气门间隙 3. 润滑全车各润滑点 4. 更换发动机机油 5. 检查升降液压缸、倾斜液压缸、转向液压缸、分配阀的密封、渗漏情况

（续）

分　类	特　点	内　容
磨合期后保养	磨合期后保养一般在工作50h后进行	1．清洁全车 2．拆除汽油发动机限速装置 3．清洗发动机润滑系统，更换发动机机油和机油滤清器滤芯，清洗全车各通气器 4．清洗变速器、变矩器、驱动桥、转向系统、工作装置液压系统，更换机油、液压油和液力油。清洗各油箱滤网 5．清洁各空气滤清器 6．清洗燃油滤清器和汽油泵沉淀杯及滤网，放出燃油箱沉淀物 7．检查轮毂轴承松紧度和润滑情况 8．检查、紧固全车各总成外部的螺栓、螺母及安全锁止装置 9．检查制动效能 10．检查、调整V带松紧度 11．检查蓄电池电解液液面高度、密度和负荷电压 12．检查工作装置的工作性能 13．润滑全车各润滑点

步骤二：熟悉内燃叉车日常维护与保养

日常维护与保养是由每班的驾驶员对叉车进行清洗、检查和调试。它是以清洗和紧固为中心的每日进行的项目，是车辆维护的重要基础。其工作是清除叉车上的污垢、泥土和灰尘；检查并添加发动机冷却液、润滑油及燃油；低温时（无防冻液的）冷却系统放水；检查叉车各部分连接件的紧固情况等。内燃叉车日常维护与保养有如下一些内容：

（1）清洗叉车上的污垢、泥土和灰尘，重点部位是货叉架及门架滑道、发电机及起动机、蓄电池极柱、水箱、空气滤清器。

（2）检查各部位的紧固情况，重点是货叉架的支撑、起重链拉紧螺钉、车轮螺钉、车轮固定销、制动器、转向器螺钉。

（3）检查制动器、转向器的可靠性和灵活性。

（4）检查渗漏情况，重点是各管接头、柴油箱、机油箱、制动泵、升降液压缸、倾斜液压缸、水箱、水泵、发动机油底壳、液力变矩器、变速器、驱动桥、主减速器、液压转向器、转向液压缸。

（5）除去机油滤清器的沉淀物。

（6）检查仪表、灯光、蜂鸣器等的工作情况。

（7）上述各项检查完毕后，起动发动机，检查发动机的运转情况，并检查传动系统、制动系统以及液压升降系统等的工作是否正常。

步骤三：熟悉内燃叉车一级维护与保养

一级技术维护是以清洗、紧固、润滑为中心的定期进行的项目。它除执行日常维护规定的工作内容外，主要应对规定部位添加、更换润滑油（脂），并对叉车的易磨损部位逐项进行认真的检查、调试和局部的更换工作。叉车一级技术维护的主要内容有以下几个方面：

（1）检查气缸压力或真空度；检查并调整气门间隙；检查节温器的工作是否正常。

（2）检查多路换向阀、升降液压缸、倾斜液压缸、转向液压缸及齿轮泵的工作是否正常。

（3）检查变速器的换挡工作是否正常；检查并调整驻车制动、制动踏板的制动片与制动鼓的间隙。

（4）更换油底壳内的机油，检查曲轴箱通风接管是否完好，清洗机油滤清器和柴油滤清器的滤芯。

（5）检查发电机及起动机的安装是否牢固，其各接线头是否清洁、牢固，检查电刷和换向器的磨损情况。

（6）检查风扇传动带的松紧程度。

（7）检查车轮的安装是否牢固，轮胎的气压是否符合要求，并清除胎面嵌入的杂物。

（8）由于进行维护工作而拆散零部件，重新装配后要进行叉车的路试。

1）测试不同程度下的制动性能，应无跑偏、蛇行。在陡坡上，驻车制动拉紧后能可靠停车。

2）倾听发动机在加速、减速、重载或空载等情况下运转时有无不正常的声响。

3）路试一段里程后，应检查制动器、变速器、前桥壳、齿轮泵处有无过热现象。

4）检查货叉架的升降速度是否正常，有无颤抖现象。

（9）检查柴油箱进油口过滤网是否堵塞、破损，并清洗或更换滤网。

步骤四：熟悉内燃叉车二级维护与保养

二级维护保养是维护性修理。二级保养维护除完成一级保养维护规定的工作内容外，重点应根据零部件的自然磨损规律、运转中发现的故障或其征兆，有针对性地进行局部的解体检查，对磨损超限的一般零件予以修理或更换，以消除因零件的自然磨损或因维护、操作不当造成的叉车局部损伤，使叉车处于正常的技术状态。

二级维护保养是以检查、调整、防腐为中心的项目，主要对叉车进行部分解体、检查、清洗、换油、修复或更换超限的易损零部件。除按一级技术维护各项目外，还应增添下列工作：

（1）清洗各油箱、过滤网及管路，并检查有无腐蚀、撞裂，清洗后不得用带有纤维的纱布等擦拭；清洗液力变矩器、变速器，检查零件的磨损情况，更换新油。

（2）检查传动轴轴承，视需要调换万向节十字轴的方向；检查驱动桥各部件的紧固情况及有无漏油现象，疏通气孔；拆检主减速器、差速器，调整轴承的轴向间隙，添加或更换润滑油。

（3）拆检、调整和润滑前后轮毂，进行半轴换位。清洗制动器，调整制动鼓和制动蹄摩擦片间的间隙；清洗转向器，检查方向盘的自由转动量。

（4）拆卸及清洗齿轮油泵，注意检查齿轮、壳体及轴承的磨损情况；拆卸多路阀，检查阀杆与阀体的间隙，如无必要切勿拆开安全阀。

（5）检查转向节有无损伤和裂纹，检查转向桥主销与转向节的配合情况，拆检纵、横拉杆和转向臂各接头的磨损情况；拆卸轮胎，对轮辋除锈、涂漆，检查内、外胎和垫带，换位并按规定充气。

（6）检查驻车制动机件的连接及紧固情况，调整驻车制动杆和制动踏板的工作行程。

（7）检查蓄电池电解液的密度，如与要求不符，必须将其拆下进行充电；清洗水箱及油液散热器。

（8）检查货架、车架有无变形；拆洗滚轮；查看各附件的固定是否可靠，必要时添补、焊牢。

（9）拆检起升液压缸、倾斜液压缸及转向液压缸，更换磨损的密封件。

（10）检查各仪表的传感器、熔丝及各种开关，必要时进行调整。

步骤五：了解内燃叉车换季维护与保养

凡全年最低气温在−5℃以下的地区，在入夏和入冬前必须对叉车进行换季保养。换季保养项目是：

（1）清洗燃油箱，检查防冻液状况。

（2）按地区、季节要求更换润滑油、燃油、液压油和液力油。

（3）清洁蓄电池，调整电解液密度并进行充电。

（4）检查放水开关的完好情况。

（5）检查发动机冷起动装置。

步骤六：了解内燃叉车走合维护与保养

新车、大修车以及只大修发动机的车在初期行驶的阶段内（一般为1 000～1 500km）对车辆进行维护，称为走合维护。

新车或大修叉车虽然经过磨合，但零件加工表面仍比较粗糙，各运动零部件的磨损较大，被磨落的金属屑较多。此外，各部分连接机件经过初期使用后也容易松动，车辆技术状况变化较大。走合期是保证叉车长期行驶的先决条件，因此，在走合期内必须认真做好走合维护。

经常检查、紧固各部件外露螺栓、螺母，注意各总成在运行中的声响和温度变化，及时地进行适当的调整或修理，防止叉车出现故障和损伤，使运转机件良好地磨合，以延长叉车的使用寿命。

在走合期内，叉车除按规定限速、减载（减少载重量20%～25%），选用优质燃油和润滑油及保持正确的驾驶操作外，应在走合前期、走合中期及走合后期进行三次维护。

步骤七：熟悉内燃叉车大修

叉车大修必须完成的项目主要有：全车分解到每一个零部件；清洗、除锈、刷底漆；润滑油、冷却液、液压油、制动液。同时还要针对叉车各部件的技术要求和磨损情况，完成一些项目的修理，见表8-3。

表8-3　叉车大修项目

序　号	项　目	内　容
1	动力系统	1. 更换以下零件：缸套、主轴瓦、连杆轴瓦、止推片、进排气门、气门导管、推杆、柱、凸轮轴衬套、轴承、缸盖垫、全车纸垫、油封、机油滤清器滤芯、空气滤清器滤芯、燃油滤清器滤芯、传动带热塞、火花塞、分火头、飞轮圈、摩擦片，以及所有易损件和损坏零部件 2. 检修以下零部件：油道、水道、散热器、起动机、发电机、压盘、大泵、喷油器轴、化油器、气门座圈 3. 无渗漏现象，功率达到出厂性能
2	传动系统	1. 驱动桥 A. 更换磨损轴承、油封、齿面磨损齿轮、止推片及所有损坏件 B. 检修盆齿，调整齿轮间隙 2. 变速器 A. 更换磨损轴承、油封、磨损齿轮、纸垫 B. 检修变速杆、拨叉

（续）

序号	项目	内容
3	转向系统	1．转向桥 A．更换磨损轴承、桥两端衬套、三连板主销、转向节主销及损坏零件 B．检修拉杆、球头 2．转向器 更换损坏零件，检修转向泵 3．转向液压缸 更换油封及拉毛或弯曲活塞杆
4	制动系统	1．制动总泵 更换皮碗及损坏件 2．制动分泵 更换皮碗或总成 3．制动器 更换踩片及损坏件 4．驻车制动 更换损坏件
5	起升系统	1．升降及倾斜液压缸，更换密封件及拉毛或弯曲活塞杆 2．门架和滑架 更换损坏滚轮，调整侧滚轮间隙，校正变形门架

应用训练

训练一：检查、调整气门间隙

1. 实训条件

（1）发动机一台。

（2）相关工具、量具一套及辅料若干。

2. 实训内容

（1）识别零部件，并口述各零部件名称。

（2）检查、调整气门间隙。

3. 实训要求

（1）正确识别零部件。

（2）正确调整气门间隙。

（3）注意安全操作和正确选用工具、量具。

训练二：更换风扇传动带

1. 实训条件

（1）发动机一台，风扇传动带一根。

（2）相关工具、量具一套及辅料若干。

2. 实训内容

（1）识别零部件，并口述各零部件名称。

（2）更换风扇传动带。

3. 实训要求

（1）正确识别零部件。

（2）正确更换风扇传动带。

（3）注意安全操作和正确选用工具、量具。

训练三：检查机油

1. 实训条件

（1）发动机一台、机油。

（2）辅料若干。

2. 实训内容

（1）检测机油量。

（2）叙述机油标尺刻度的含义。

（3）选择机油并口述机油作用。

3. 实训要求

（1）正确测量机油。

（2）机油标尺刻度含义表述正确、完整。

（3）机油选择正确，作用叙述正确、完整。

训练四：检查轮胎气压及清洁轮胎

1. 实训条件

（1）轮胎一只（带轮辋）。

（2）轮胎气压表一只，气门芯扳手一把及相关附件（棉纱、毛刷、皂水）。

2. 实训内容

（1）检查并口述缺陷。

（2）检查气压。

3. 实训要求

（1）检查缺陷正确、完整。

（2）检查轮胎气压方法正确。

（3）正确选用工具、量具，注意安全操作。

训练五：检查转向节与转向液压缸的连接部分

1. 操作条件

（1）转向节一只，拉杆直销两只，主销一根。

（2）辅料若干。

2. 操作内容

（1）识别并口述零部件。

（2）检查转向节与转向液压缸的连接部分。

3. 操作要求

（1）零部件名称表述正确、完整。

（2）检查缺陷正确、完整。

（3）注意安全操作。

任务评价

训练项目		配分	评分标准	得分	总分
检查、调整气门间隙	零部件识别	50	零部件名称表述正确、完整		
	具体检查、调整	50	检测顺序、调整间隙正确、无遗漏		

训练项目		配分	评分标准	得分	总分
更换风扇传动带	零部件识别	50	零部件名称表述正确、完整		
	具体更换	50	完成传动带更换，且操作方法正确		

训练项目		配分	评分标准	得分	总分
检查机油	检查油量、标尺刻度	50	检测油量正确，且标尺刻度含意表述正确、完整		
	选择机油及作用表述	50	选择机油正确，且作用表述正确、完整		

训练项目		配分	评分标准	得分	总分
检查轮胎气压及清洁轮胎	检查缺陷	50	缺陷判断完整、正确，且完成轮胎清洁		
	检查气压	50	操作内容完整，且顺序正确		

训练项目		配分	评分标准	得分	总分
检查转向节与转向液压缸的连接部分	零部件识别	50	零部件名称表述完整、正确		
	检查缺陷	50	检查缺陷全面、完整		

任务三　维护与保养电动叉车

任务目标

知识目标

1. 掌握电动叉车的维护与保养内容
2. 熟悉电动叉车蓄电池的维护与保养

能力目标

1. 能够熟练进行蓄电池的日常维护与保养
2. 能够熟练对电动叉车进行定期维护与保养

任务描述

电动叉车在长期使用中，由于机件的磨损、自然腐蚀和老化以及外界偶然因素等的影响，使叉车的技术性能逐渐变坏，机件的可靠性也随之降低，工作能力下降甚至无法完成正常工作。因此，必须及时对机械进行维护与润滑。电动叉车维护的目的是：恢复叉车的正常技术状态，保持良好的使用性与可靠性，最大限度地延长其使用寿命；减少能量和器材的消耗；防止事故，保证作业安全。在上一个任务中，我们已经学习了内燃叉车的维护与保养。在这个任务中，我们将学会电动叉车的维护与保养。

任务准备

为了使电动叉车处于良好的工作状态，必须对电动叉车进行一系列的维护与保养操作。那么作为初学者，首先就应该知道电动叉车维护与保养的具体工作内容及操作注意事项。

任务实施

预先对电动叉车进行全面的检查，可避免叉车产生故障并延长使用寿命，定期维护时间表列出的小时数是基于叉车一天工作8h、一个月工作200h的情况而定的，为了安全操作，应按规范的维护保养程序对叉车进行维护。

注意

- 只有经过培训或资格考核的人员才能对叉车进行维护和保养。
- 每天、每月的检查及维护是操作人员可以自己完成的。

步骤一：操作前的检查与维护

为了安全操作和使叉车处于良好的状态，在操作前应对叉车进行全面的检查，这是法定的职责，发现问题时应与供应商售后服务部门联系。

注意

- 一个小的过失会引起一次重大事故，在完成修理工作和进行检查之前不要操作或移动叉车。
- 应在平台上对叉车进行检查。
- 在需对叉车电气系统进行检查时，应在检查前关掉钥匙开关并且拔掉蓄电池插头。
- 更换下来的废油不适当的处理（排入下水管道、土壤、燃烧等）会污染水、土壤、大气等，这是法律禁止的。

1. 检查点和检查内容（见表8-4）

表8-4　检查点和检查内容

系　统	检　查　点	检查内容
制动系统	制动踏板	制动踏板的行程和制动力
	制动液	数量和清洁程度
	驻车制动	驻车制动手柄的行程和操作力的大小
转向系统	方向盘操纵	松紧、转动和前后运动情况
	液力转向的操作	所有部件的运行情况
液压系统和门架	功能	有无裂缝、润滑状况
	油管	是否泄漏
	液压油	合适的油量
	起升链条	左右两边链条松紧程度一致
车轮	轮胎	气压大小、有无异常破损情况
	轮毂螺母	牢固旋紧
蓄电池	充电	确定蓄电池容量显示状态、电解液密度，插头应牢固连接
车灯和喇叭	前照灯、尾灯、倒车灯、转向灯和喇叭	通断看是否亮。听喇叭是否响
监测及显示灯	功能	当接通钥匙开关时，应显示“监测状态 正常”
其他	护顶架	螺栓、螺母是否紧固
	其他部件	有无异常

2. 检查程序

（1）检查制动踏板。检查制动情况并且确保在完全踩下制动踏板时，从底板平面算起，制动踏板的向下行程应超过50mm，空载时叉车的制动距离大约在2.5m。

（2）检查制动液。

注意

打开制动液箱盖并且检查制动液的油量和其他状况。

（3）检查驻车制动手柄，如图8-1所示。将驻车制动手柄向前推，观察下述情况：

1）是否有适当的拉力行程。

2）制动力大小。

3）有无损伤零部件。

4）手柄操作力（标准为170～220N）大小是否适合操作者。操作者可通过安装在手柄顶部的螺钉进行调节。

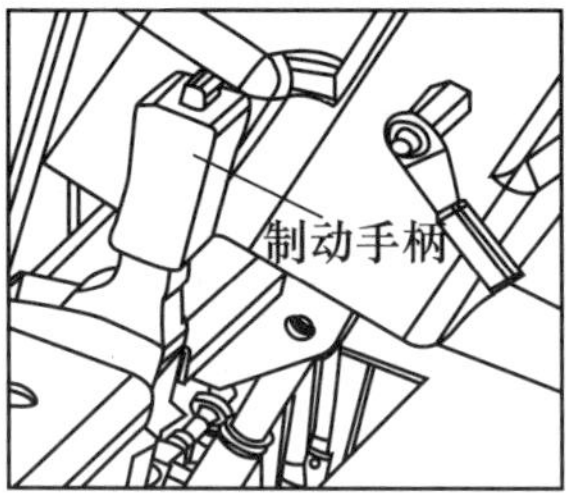

图8-1　检查驻车制动手柄

（4）检查方向盘的转动情况，如图8-2所示。将方向盘顺时针和逆时针轻轻转动，检查其是否有回弹行程（50～100mm）。方向盘前和后的行程都约为7°，如果满足上述情况，方向盘转动即为正常。

（5）检查动力转向功能。将方向盘顺时针和逆时针转动，检查动力转向情况。

（6）检查液压系统和门架的功能，如图8-3所示。检查提升和前后倾操作是否平滑正常。

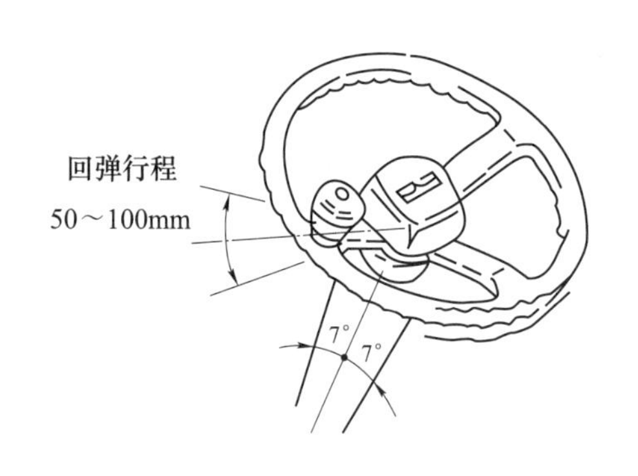

图8-2　检查方向盘的转动情况

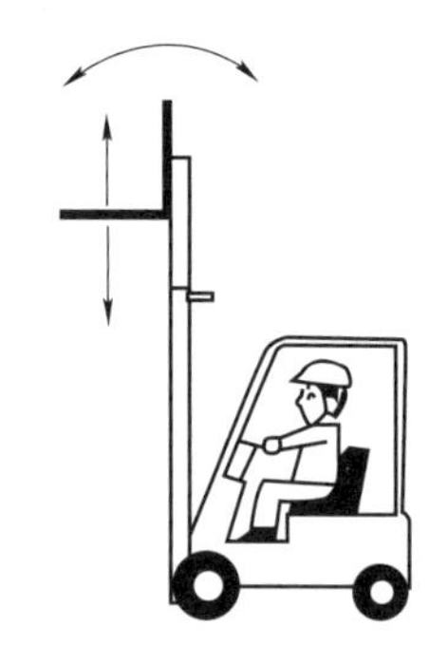
图8-3　检查提升和前后倾操作

（7）检查油管。检查起升液压缸、倾斜液压缸和所有管路是否有漏油情况。

（8）检查液压油。将货叉降落至地面，用油位计检查液压油油位，当油位低于指定范围时，加液压油到合适的范围，见表8-5。

表8-5　主要车型液压油容量

车　　型	容量/L
LG15B，LG16B	23
1.5～1.8t三支点，1.5～2t四支点	29
FB20，FB25	30
LG30B，LG35B	36

（9）检查起升链条，如图8-4所示。将货叉提起至距离地面200~400mm高，确保左右链条松紧度一致。检查指形棒是否处于中间位置，如果松紧度不同，可通过链条接头进行调节。

注意

调节后，应将双螺母旋紧。

（10）检查轮胎（充气轮胎），如图8-5所示。拔掉气嘴帽，用轮胎气压计测量轮胎气压。检查气压后，在装上气嘴帽之前应确保气嘴不会漏气。

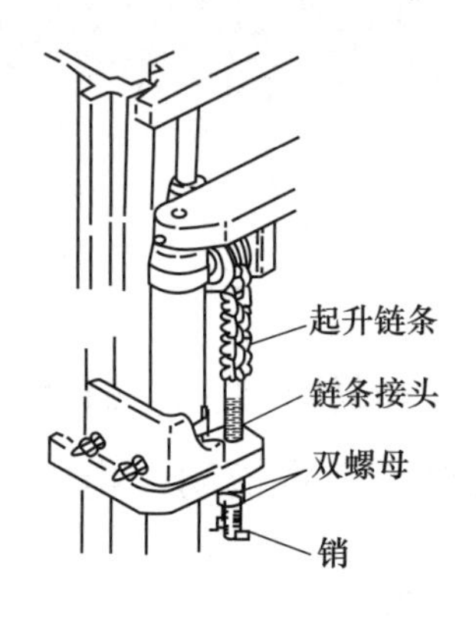

图8-4　检查起升链条

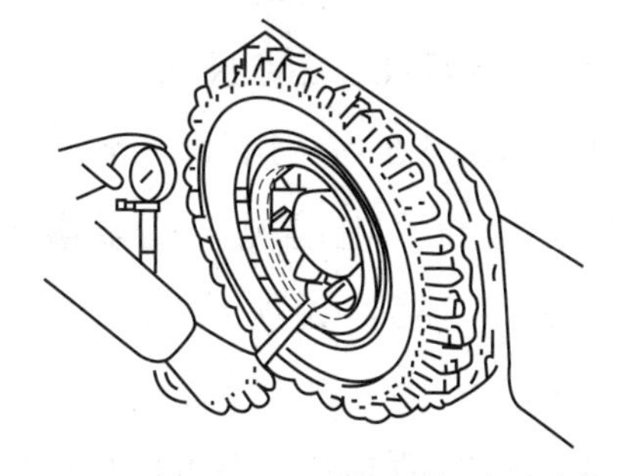

图8-5　检查轮胎（充气轮胎）

注意

叉车轮胎气压比汽车轮胎气压高，气压不应超过规定压力值。

充气轮胎气压标准，见表8-6。

表8-6　充气轮胎气压标准　（单位：kPa）

车　　型		1～1.8t	2～2.5t	3～3.5t
轮胎	前轮	790	700	970
	后轮	790	900	900

检查轮胎（实心轮胎），如图8-6所示。检查轮胎和侧面有无破损或开裂，轮辋、锁圈有无变形或损伤。

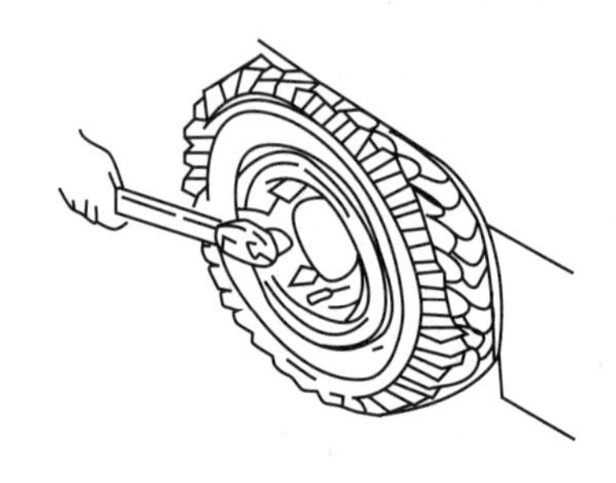

图8-6　检查轮胎（实心轮胎）

（11）检查轮毂螺母。

注意

- 轮毂螺母松动是非常危险的，万一松动，车轮可能脱落，导致车辆侧翻。
- 检查轮毂螺母有无松动，即使只有一只松动，也非常危险，因此预先要拧到规定的力矩值。

例如，1~1.8t三支点车。

前轮：18×7–8　160 N·m。

后轮：15×4.5–8　140N·m。

（12）检查充电情况。测量蓄电池电解液的密度，当转换到30℃时蓄电池密度为1.275~1.285，说明蓄电池充足电了；检查接线端子是否松动，电缆线有否损坏。

（13）检查前照灯、转向信号灯和喇叭，如图8-7、图8-8所示。

（14）检查这些灯是否正常亮，喇叭是否正常响。

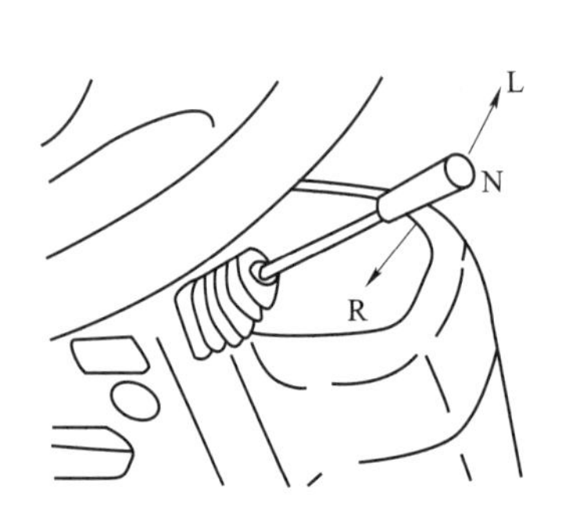

图8-7　检查前照灯、转向信号灯

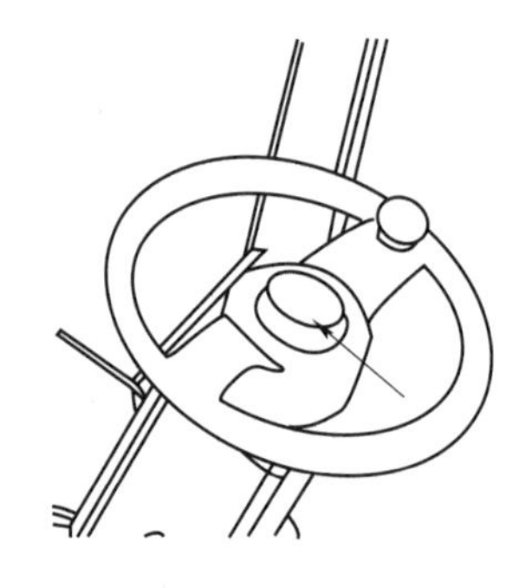

图8-8　检查方向盘中间部位喇叭开关

（15）检查仪表板功能。正常情况下接通钥匙开关几秒钟后，仪表板应正常显示，无故障码。

（16）检查护顶架和挡货架。检查有否螺栓或螺母松动情况。

（17）其他。检查其他零部件有无异常情况。

注意

除了检查灯和操作情况外，在检查电气系统之前一定要关掉钥匙开关并拔掉蓄电池插头。

步骤二：操作后的检查与维护

完成工作后，应将叉车上的脏污去除并对叉车进行下述方面的检查：

（1）所有零部件是否有损坏或泄漏。

（2）是否有变形、扭曲、损伤或断裂情况。

（3）根据情况添加润滑油脂。

（4）工作后将货叉提升到最大高度（当每日工作未用到货叉上升到最大高度的情况时，这样做可使油流过液压缸内全部行程，以防生锈）。

（5）更换在工作时引起故障的异常零部件。

注意

一个小的过失会引起一次重大事故。在完成修理工作和进行检查之前不要操作或移动叉车。

步骤三：每周的维护与保养（50h）

在使用叉车前，除了进行预检外，还应对其他一些方面进行检查和维护保养，见表8-7。

表8-7　每周的维护与保养内容

维护与保养项目	维护与保养内容
电解液液位	检查电解液液位，液位过低时应添加蒸馏水
电解液密度	测量所有单格蓄电池电解液的密度和温度
清洁蓄电池	清洁蓄电池上部未覆盖部分以及盖帽
检查接触器	用砂纸将触点粗糙表面磨光

注意

在检查电气系统时一定要拔掉蓄电池插头。

1. 检查电解液液位

每次蓄电池充完电后，应检查电解液液面。液位过低时，应添加蒸馏水。

添加完蒸馏水后，应将蓄电池盖帽盖紧。

添加蒸馏水时请勿使电解液溅出，否则会产生漏电使人受到电击。

2. 检查电解液密度

正常：当所有单格蓄电池变换为30℃密度均相同时为正常。

不正常：当某单格蓄电池密度比其他蓄电池密度的平均值小0.05以上时，为不正常。

3. 清洁蓄电池

用湿棉布擦去蓄电池上部的脏污并保持干燥，以免蓄电池上部的连接部分受到腐蚀。

注意

- 清洁蓄电池应在充电前进行。
- 穿戴橡皮手套和靴子，以免受到电击。
- 不要弄湿蓄电池插头。
- 蓄电池盖帽内部变脏后，应按下述步骤清洁盖帽：

1）取下所有的盖帽。

2）用中性清洁剂清洗盖帽内部。

3）安装上盖帽。应确保所有的蓄电池盖帽盖紧。

4. 检查接触器

将一张砂纸放入接触器触点之间，推动触点使其与静触点合上，然后拉出砂纸。重复上述过程。

步骤四：每月的维护与保养（200h）

除了每周的维护外（50h），还要进行一些维护与保养，见表8-8。

表8-8　每月的维护与保养

系　统	维护与保养部位及内容		备　注
整车	总体情况	变形、裂纹和不正常噪声	
	喇叭	声音	
	附件（前照灯、转向信号灯）	功能	
蓄电池、充电器及电气系统	电解液	液位、密度和清洁度	
	插头	损坏程度和清洁度	
	钥匙开关	功能	
	接触器	接触性和功能	
	微动开关	功能	
	控制器	功能	
	牵引电动机（电刷、换向器）	磨损和弹簧力	直流系统
	起升电动机（电刷、换向器）	磨损和弹簧力	直流系统
	MOS管	电流限额及功能	
	熔丝	是否松动和容量	
	线束和接线端子	是否松动和损坏	
驱动、转向、门架、液压和制动系统	方向盘	操作和调整	
	转向连杆	润滑	
	齿轮箱	油量、渗漏和不正常噪声	
	轮胎的安装螺母	是否松动	
	轮胎	磨损情况	
	起升链条	润滑和松紧情况	
	液压缸支座销	松动和损伤	
	货叉架	调整、润滑、裂纹和变形	
	货叉	裂纹和变形	
	货叉架滚轮	调整和润滑	
	门架滚轮	调整和润滑	
	内、外门架	是否晃动	
	起升液压缸	是否渗漏	
	倾斜液压缸	是否渗漏	
	多路阀	功能和渗漏	
	液压油箱	油量和渗漏	
	高压胶管	渗漏和变形	
	护顶架、挡货架	损坏、裂纹和变形	
	制动手柄	润滑和移动	
	驻车制动及各运动点	调整和润滑	
	螺栓和螺母	是否松动	
	液力转向	功能	

步骤五：每3个月的维护与保养（600h）

在进行每3个月的维护时，重复月维护过程，当零件必须进行调整和更换时，应该跟企业维修人员联系。主要维护与保养的内容见表8-9。

表8-9　每3个月的维护与保养内容

维护与保养部位	维护与保养的内容
接触器	用砂纸打磨接触器不平整的触点
	当磨损严重时进行更换
电动机	电刷的磨损

步骤六：每半年的维护与保养（1200h）

在进行每半年的维护时，重复每三个月维护过程，当零件必须进行调整或更换时，应该跟公司维修人员联系。主要维护与保养的内容见表8-10。

表8-10　每半年的维护与保养内容

维护与保养部位	维护与保养的内容
接触器	当触点磨损严重时进行更换
电动机	对直流电动机要检查电刷的磨损
前桥	更换齿轮油
液压油	更换液压油
滤油器	清洁滤清器
制动液	更换制动液

注意

- 直流电动机电刷的检查：将弹簧撬起后拉出电刷，检查贴换向器的平面的磨损是否超过极限，见表8-11。

表8-11　贴换向器的平面的磨损极限

吨位/t	应　　用	厚度/mm	磨损极限/mm	数　　量
1～3.5	牵引电动机	28	15	8
	工作电动机	28	15	8
	转向电动机	22	12	8

应用训练

训练一：通过观察图8-9，分析其存在的问题，提出正确的操作方法。

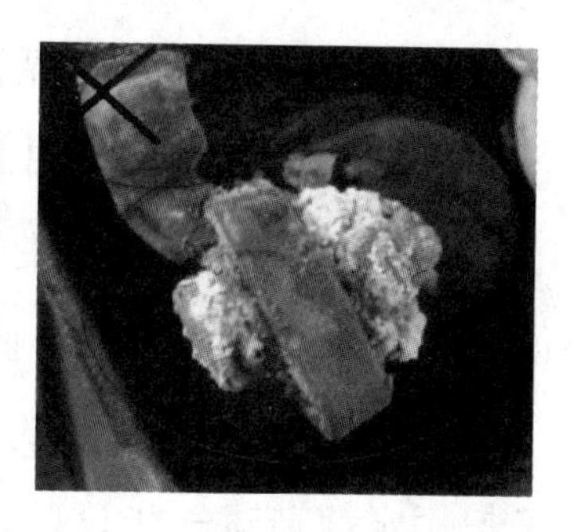

图8-9　不正确操作引发的后果

训练二：到叉车实训基地或者实际企业，检查电动叉车蓄电池，找出其存在的问题，然后进行维护保养。

任务评价

实训项目	评价要求	存在问题	正确维护方法及注意事项	得　分	总　分
训练一	能准确描述图8-9中存在的问题，写出正确的维护方法及维护注意事项，得20分 能大致描述图片中存在的问题，大致写出正确维护方法及维护注意事项，得15分 不能描述图片中存在的问题，不能写出正确维护方法及维护注意事项，得0分				
训练二	能准确找出实际电动叉车蓄电池存在的问题，并能采用正确维护方法进行维护，得40分 能找出实际电动叉车蓄电池存在的问题，但维护的不是很到位，得25分 不能找出实际电动叉车蓄电池存在的问题，得0分				

拓展提升

一、电动叉车的日常维护内容

日常维护电动叉车时，以清洁全车外表、润滑和检查外部为主。具体维护内容有以下几个方面：

（1）清除门架、叉架、液压缸、前桥、车身、后桥和各可见部位表面的积尘、杂物、油垢。

（2）按润滑表的要求，对各规定部位进行润滑。

（3）检查门架、叉架的导轮、链条，门架、货叉、液压缸的铰接销、护架，各润滑点油嘴、油堵、油盖，各紧固件是否正常、齐全。

（4）检查电气系统的电线与插头、熔断器、开关、照明灯、蜂鸣器与按钮、仪表、操纵多路换向阀、控制电路、蓄电池、控制装置等是否符合规定。

（5）检查液压系统的多路换向阀，使空载门架升、降、前后倾达极限位置，叉起额定载荷进一步试验，检验液压转向装置是否可靠。

（6）检查行走机构的轮胎、驱动桥、转向系统性能和制动系统性能。

（7）进一步检查与排除故障。

二、电动叉车的一级维护内容

一级技术维护以检查外观及调整外部间隙为主，对于电动叉车的一级技术维护具体内容如下：

（1）完成日常维护规定的项目，达到技术要求。

（2）按润滑表进行润滑。

（3）检查门架机构的门架导轮、叉架导轮、侧向导轮并调整间隙；检查门架与链条。

（4）检查电气系统的速度控制器、微动开关、制动器开关；检查全部导线及连接；检查电动机换向器。

（5）检查液压系统的起升液压缸、倾斜液压缸、转向液压缸、属具、液压缸的活（柱）塞杆；清洗油箱加油口滤网；各液压件不应有外漏、各液压件固定应牢固、各油管不应有破损漏油现象，如调整无效时应更换油封。

（6）检查驱动桥与制动系统。转动时两车轮运转相同，制动时两轮应同步，车轮无松旷；调整制动鼓与摩擦片间隙；调整驻车制动；运行检查驱动桥与减速箱不应有异响。

（7）检查转向桥与转向系统。检查转向轮的极限位置；调整轮毂轴承的松紧度；检查主销磨损情况；检查转向器内各间隙情况以及拉杆球铰间隙，检查方向盘自由转角和方向盘切线方向拉力；加足润滑油；各机件有无裂纹和明显变形。

（8）检查车架各紧固螺栓、螺母是否齐全、有无松动，各处有无裂纹、断裂及明显变形。

三、电动叉车的二级维护内容

1. 电动叉车的二级技术维护内容

二级技术维护以部件内部调整，排除不良状态及局部修、换零部件为主。

（1）完成一级技术维护规定项目，并达到技术要求。

（2）检查门架机构的门架、叉架、各导轮及侧向导轮并调整间隙；检查链条并调整；检查门架及叉架有无裂纹、开焊与变形；清洗各机件。

（3）检查液压系统。

1）拆检液压泵。当液压泵无力、有噪声、过热现象时，应解体检查并排除故障。

2）拆检液压缸。当液压缸无力或漏油严重，应拆检液压缸，更换失效的油封，并检查缸体、活塞杆、下降限速阀等零部件并排除故障。

3）拆检多路换向阀。当出现严重外漏，操纵动作异常时应拆检，消除故障并调整压力值。

4）清洗油箱，更换液压油，拆检出油口滤网，检查液压油管。

（4）检查与调整驱动桥。拆检减速箱及内部斜齿轮副；检查主、被动锥齿轮副的磨损与啮合状况；检查行星齿轮与半轴齿轮副；检查半轴及壳体；更换齿轮油；检查车轮轴承及轮胎。

（5）检查制动系统。检查车轮制动器；拆检制动总泵；检查制动油管和接头；检查驻车制动器。

（6）检查转向桥及转向系统。检查车轮轴承和轮胎；拆检转向节轴和转向桥横梁；拆检扇形板和中心轴；拆检纵、横拉杆；拆检转向器；部件检验及调整各部位。

（7）检查电气系统。拆检走行电动机、液压泵电动机、转向液压泵电动机；拆检速度控制器、各开关和电气控制板；检查蓄电池箱。

（8）检查车体及其他。检查金属结构零部件的裂纹、开焊及变形并予以修复；检查座椅连接及包皮；检查配重及其他件连接；油漆全车，重新涂刷标志、车号。

（9）有条件的地方，可拆检液压泵及多路换向阀；如无条件，严禁分解液压泵与多路换向阀。

2. 电动叉车二级技术维护竣工检查及验收项目

（1）全车线路排线整齐，固定牢靠。接通电锁，检查仪表、车灯、蜂鸣器等工作

应正常。

（2）叉车起动、调整平稳无抖动现象；全速走行时，保护电路不应工作。

（3）电动机不应过热，不应有异常声响。

（4）转向灵活、制动可靠，倒车工作正常。

（5）蓄电池表面清洁，电解液高度和密度应符合要求，蓄电池电压不应低于规定值（如0.5型叉车为24V，CPD2叉车为48V）。

（6）蓄电池叉车货叉、压紧机构、横移机构、起重链、门架等应动作灵活、工作可靠。

（7）蓄电池叉车的液压系统工作应正常，管路、接头、液压缸、多路换向阀等无渗漏现象。

（8）试车检验验收。空车与重载试验各种性能；测门架下滑量与门架倾角变化，并要求车容整洁。

四、磨合期维护

新车和大修后的车辆，在规定的作业时间内的使用磨合，称为车辆磨合。车辆磨合期工作的特点是：零件加工表面比较粗糙，各配合件表面摩擦剧烈，磨落的金属屑较多，配合间隙变化较快，润滑效能不好，紧固件易松动等。如不及时调整，采取磨合维护措施，会严重影响使用寿命和工作性能。因此，要按照叉车磨合的规定进行使用与维护。

车辆磨合期的规定：凡机械制造厂有磨合期（走合）规定的应执行原厂规定，未经规定者，一般规定50h为磨合期。

走合（磨合期）维护具体内容有以下几个方面：

（1）清洁全车。

（2）检查、紧固全车各总成外部的螺栓螺母、管路接头、卡箍及安全锁止装置。

（3）检查轮胎气压和轮毂轴承松紧度和润滑情况。

（4）清洗减速箱、驱动桥、转向系、工作装置液压系统，更换润滑油、液压油，清洗各油箱滤网。

（5）检查转向系统效能和各机件连接情况。

（6）检查、调整制动踏板的自由行程和驻车制动操纵杆行程，检查制动效能。

（7）检查工作装置的工作效能。

（8）检查起升液压缸、倾斜液压缸、转向液压缸和多路换向阀及油泵的密

封、渗漏情况。

（9）检查蓄电池电解液液面高度、电解液密度和负荷电压。

（10）检查控制装置的工作性能并润滑全车各润滑点。

五、蓄电池日常维护保养

1. 蓄电池的充电常识

蓄电池的使用是受时间局限的，要保证蓄电池车正常运行，就必须定时充电。蓄电池内电量充足，才能保证直流电动机的正常运转。除初次充电有特别要求外，蓄电池叉车在每天使用后就应对蓄电池充电。

使用充电机应做好充电记录，使用时要注意安全用电，防止触电事故。

蓄电池充电分为初次充电和经常充电两种：初次充电即新电池注入电解液后的第一次充电，经常充电为初次充电后的各次充电。

充电顺序如下：

（1）新蓄电池开箱后，先擦净表面，然后检查电池槽、电池盖是否在运输中遭破损；各零件是否齐整；封口剂是否有裂纹。如有问题，应在注入电解液之前解决。

（2）把各个蓄电池的工作栓（即盖帽）旋下，仔细检查泄气孔是否畅通，如有蜡封闭的应用细针刺通。在旋下工作栓时，可看到电池盖的注液孔中有一层封闭薄膜或软胶片，可随即把薄膜弄破或把软橡胶取出。

（3）已配置好的密度为1.250±0.005（20℃时）的电解液，温度控制在30℃左右才能注入蓄电池内，注入量以液面高于多孔保护板15~20mm为宜。蓄电池内部电解液与极板间发生化学反应产生很多热量，必须静置6~10h，待温度下降到30℃左右后，才可开始进行充电。

（4）在开始充电之前，必须对充电设备、变阻器及仪表等进行一次全面的检查，若失灵或有故障，应在充电前排除。

（5）充电为直流电源，用直流发电机、挂整流器均可，最好能装置逆流保护装置。整流器的输出功率、电压应高于蓄电池组串联电压的50%，电流应小于5h放电率容量的15%。

（6）蓄电池在充电时，内部有大量的气体产生，因此需要把工作栓打开，这样便于充电时产生的气体排除，否则电池槽有爆破的危险。

（7）当初次充电完成后，稍等片刻把工作栓旋上，然后用清水将蓄电池外表的电解液冲洗干净。特别对接线柱和连接线部分，如螺栓、铜接头等，更要洗刷清洁并擦干，然后涂上一层凡士林油膏，这样可以防止铜铁等金属材料的腐蚀。

2. 铅酸蓄电池的日常维护和保养要求

由于蓄电池装在车辆上经常移动，并且具有体积小、重量轻、耐振、耐冻和瞬时放电电流大等特点，所以在日常维护保养方面还有一些不同的要求：

（1）电池在使用过程中，必须保持清洁。在充电完毕并旋上注液胶塞后，可用浸有苏打水的抹布或棉纱擦去电池外壳、盖子和连接条上的酸液和灰尘。

（2）极柱、夹头和铁质提手等零件表面上应经常保持有一层薄凡士林油膜。发现氧化物必须及时刮除，并涂凡士林以防腐蚀。接线夹头和电池极柱必须保持紧密接触，必须要拧紧线夹的螺母。

（3）注液孔上胶塞必须旋紧，以免车辆在行驶时因振动使电解液溅出。胶塞上透气孔必须畅通，否则电池内部的气压增高将导致胶壳破裂或胶盖上升。

（4）电解液应高于多孔保护板10~20mm，每天使用后要进行检查，发现液面低于要求时，只能加入纯水（或蒸馏水），不能加硫酸。如不小心将电解液溅出而降低了液面高度，则必须加进和电池中同样比例的电解液，而不能加入密度过低的电解液。

（5）电池电解液的密度如降低至规定值以下或已放电的电池，必须立即进行充电，不能久置，以免极板发生硫酸化。最好每月检查电池的放电程序，适当补充充电一次。

（6）电池上不可放置任何金属体，以免发生短路。不要将导线直接放在极柱上方来检查电池是否有电，这样会产生过大放电电流，损失电池容量，可用电压表或电灯泡检查电池是否有电。

（7）凡有活接头的地方，在充放电时，均应保持接触良好，以免因火花使电池爆炸。

（8）搬运电池时不要在地上拖曳。

（9）对停放不用不超过一个月的车辆，应检查电池是否需要充电，并将电池接线拆开一根，以防止漏电。

（10）严禁用河水或井水配置电解液，蓄电池在充电过程中，有氢气和氧气外溢，因此严禁烟火接近蓄电池，以免发生爆炸事故。

（11）电池充电后一般密度范围控制在1.28左右为好。

3. 电动叉车电池保养常见问题及解决方案

目前，一般企业无标准操作规范，没有安排专职人员维护电池，平时只能早上上班时补充一次蒸馏水，正在运行的叉车不能一一打开检查，一般情况下无法实现每隔几小时检查一下电解液情况，对每组电池、新电池初充、阶段性补充充电、去硫充电、锻炼循环充电和均衡充电以及电解液密度监测等专业保养更难以实现，从而就会出现以下一些情况。

（1）电解液补充情况不合理。

参照图8-10、图8-11，目前普遍存在加蒸馏水过少或过多的现象，正确补充水对电池的效能和使用寿命有重要影响，并且可减少和降低硫酸盐化。

图8-10　加水不足

图8-11　加水过量

1）正确补水要求：

① 必须在电池充满电后1～2h内进行，应形成良性循环，做到下次使用前补水。

② 在电池使用之后，测量液位（以防溅板为基准），确认在上个充放电周期内电池极板没有外露。

③ 补水后液位应高于防溅板5～10mm，但不可过高，以防溅板为基准。

2）注意事项：在正常使用时，一个充放电周期内，一个单元电池的水分损失约4mL/（100A·h）的水量。如：

一个210A·h的单元电池大约需要补充8.4 mL的纯水。

① 补水后，电解液的液位不可超出防溅板10mm。如果液位过高，电池液容量接触到电池极板间连接焊接的铝排，会形成电解液的离子污染，从而使电池组放电加快，损害电池容量和寿命。液位过高在电化学反应时会引起电解液飞溅溢出，导致电解液浓度降低，从而降低电池容量和电池电压，且飞溅出的电解液会

对车体和电池造成腐蚀。

② 如电解液液位不足，则在电池使用时，电池极板上端部分会外露出电解液，这样就减少电池极板参与电化学反应的面积，从而降低电池的容量，负极板接触空气转化为氧化铅，进一步变为硫酸铅，这种情况下更容易发生结晶硫化。

③ 电池在运作中应保持电解液应有的浓度及各个单元电池之间浓度的一致性。加水过多，会造成电解液飞溅溢出，使各个单元电池之间浓度不一致，单元电池之间存在电位差，产生环流而影响电池组的效率。

（2）电池清洁不到位，如图8-12所示。由于没有专人每天清洁，再加上上述补水过程的不合理，不能做到少量多次补水，经常造成一次补水过满，在充电过程中造成电解液飞溅溢出，形成电解液的离子污染。另外，仓库搬运货物频繁，环境的灰尘浓度也较高。

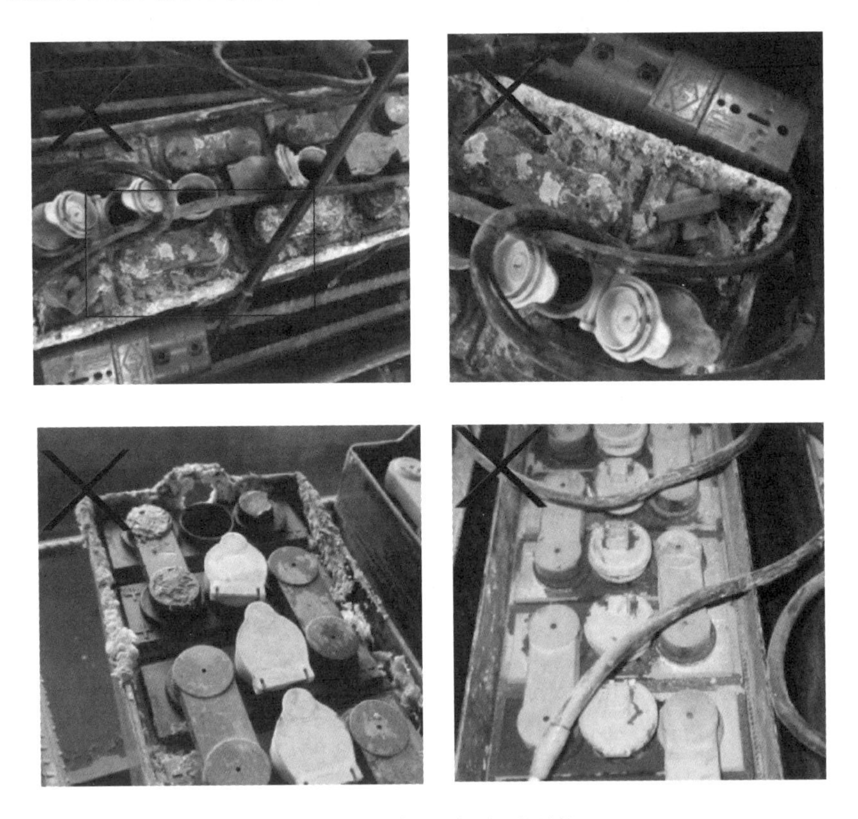

图8-12　电池清洁不到位

1）正确清洁要求：每天检验电池表面，保持电池表面清洁无尘。若不太脏，可以用湿布擦干净，切勿用干布擦拭电池表面，以免引起静电。若非常脏，就要将蓄电池从车上卸下，用水清洗后使之自然干燥。电池箱底部都设计有开孔，直接用水冲洗即可，要注意把补液盖盖好，严禁有水流入电解液中。

2）注意事项：蓄电池表面脏污将引起漏电，表面经常累积结晶的硫酸铅而不去清理甚至会造成短路，大大缩短电池寿命。

（3）电解液杂质预防可改进。由于工作环境灰尘较多，不断有灰尘落到电解液中，而且一般充电时气盖是敞开的，时间久了进入电解液的落尘量是相当可观的，足以影响到电池的寿命，所以建议充电过程中使电池气盖处于图8-13所示的状态，既不影响充电过程排气，又可以减少落尘量。

电池内部有杂质后就会形成无数个“微电池”，这些“微电池”经过内部各种桥路进行无终止的短路放电，称作自行放电，简称自放电。自放电的危害首先是导致蓄电池电荷量的减少和电动势的下降，这将会影响蓄电池的起动性能。时间久了还会导致蓄电池故障的发生，如极板硫化、极板活性物质脱落、正极板板栅腐蚀等。而这些故障的产生又会影响蓄电池的性能，严重时将会导致蓄电池使用寿命的缩短，使蓄电池提前报废。

图8-13　气盖状态

（4）气盖清洁及极柱连接缺少维护，如图8-14所示。电池的液孔塞或气盖应保持清洁，充电时取下或打开，充电完毕应装上或闭合，连接线及螺栓应保持清洁、干燥。

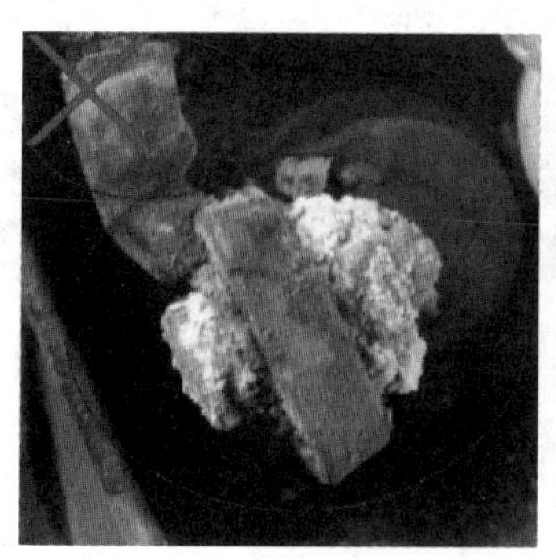

图8-14　气盖清洁及极柱连接缺少维护

1）保养要求：经常用抹布蘸开水把电池外部擦洗一遍，将面板、极柱擦拭干净，并用扳手紧固，以保证良好的导电接触性。

2）注意事项：

①经常检查电池连线的紧固螺母有无松动，电池的连接线螺栓必须保持接触

良好，以免产生火花，引起电池爆炸或极柱烧坏。

② 充电过程中有氢气、氧气析出，工作人员要严禁烟火接近蓄电池，以免发生爆炸事故。

（5）存放环境待改进，如图8-15所示。电池应尽可能安装在清洁无尘、阴凉干燥、通风、温度保持在10～30℃的地方并要避免受到阳光、加热器或其他辐射热源的影响。在图8-15a中，地面没有排水槽，背靠一堵墙，充电环境不够干燥通风，现场酸性气体浓度较高，人员可以明显感觉到不适。建议地面开一条排水槽，如图8-15b所示，以便在清洗电池时使水排出。建议后边墙安装两台抽气扇，以更好地增加通风效果。

a）

b）

图8-15　改进存放环境

注意

水中会含有有害重金属铅，不可以直接排到下水道，要设置一个防渗池，让水自动挥发。

（6）无定期均衡充电保养问题。电池在使用中，往往会出现电压、密度及容量不均衡现象。均衡充电使各电池在使用中都能达到均衡一致的良好状态。电池在使用时每月应进行一次均衡充电。

均衡充电的方法：先将电池进行普通充电，待充电完毕静置1h，再用初充电第二阶段电流的50%继续充电，直到产生剧烈气泡时停充1h。如此反复数次，直至电压、密度保持不变，于间歇后再进行充电便立即产生剧烈气泡为止。在均衡充电中，每只电池的电压、密度及温度都应进行测量并记录，充电完毕前，应将电解液的密度及液面高度调整到符合规定。

参 考 文 献

[1] 李宏．叉车操作工[M]．北京：化学工业出版社，2008．

[2] 陈建平．仓储设备使用与维护[M]．北京：机械工业出版社，2011．

[3] 李庭斌．叉车工技能[M]．北京：中国劳动社会保障出版社，2008．

[4] 江华，尹祖德．叉车构造、使用、维修一本通[M]．北京：机械工业出版社，2010．

[5] 上海市职业培训研究发展中心．叉车司机：五级[M]．北京：中国劳动社会保障出版社，2010．

[6] 上海市职业培训研究发展中心．叉车司机：四级[M]．北京：中国劳动社会保障出版社，2010．

[7] 燕来荣，陆刚．企业叉车驾驶与维修安全技术[M]．北京：中国劳动社会保障出版社，2005．

[8] 李宏，张钦良．叉车驾驶作业[M]．北京：化学工业出版社，2010．

[9] 王婕芬．企业叉车操作基本技能[M]．北京：中国劳动社会保障出版社，2009．

[10] 杨国平．工程汽车叉车故障诊断与排除[M]．北京：机械工业出版社，2009．

[11] 李庆军，王甲聚．汽车发动机构造与维修[M]．北京：机械工业出版社，2009．

[12] 马小平．装卸搬运机械操作手册[M]．北京：解放军出版社，2004．

[13] 肖永清，王本刚．叉车维护与保养实例[M]．北京：化学工业出版社，2006．

[14] 石文明．物流机械设施与设备[M]．北京：化学工业出版社，2010．